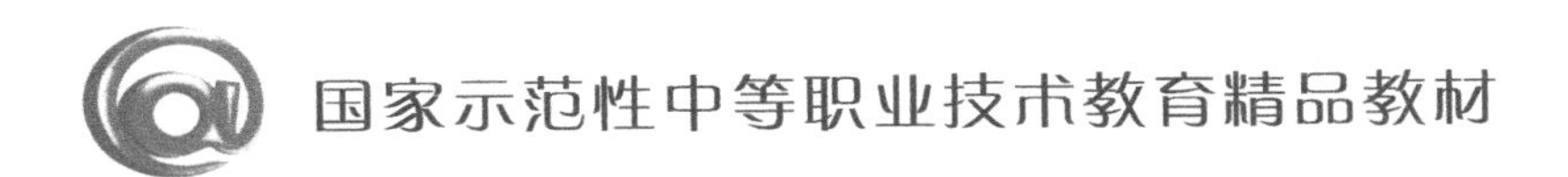

数控铣编程与操作项目教程

主　编　李煜云
参　编　刘俊华　张岩坤　林滋露　王　欢
主　审　黄　富

·广州·

图书在版编目(CIP)数据

数控铣编程与操作项目教程/李煜云主编. —广州：华南理工大学出版社，2017.4(2023.8 重印)
国家示范性中等职业技术教育精品教材
ISBN 978-7-5623-5217-4

Ⅰ.①数… Ⅱ.①李… Ⅲ.①数控机床-铣床-程序设计-中等专业学校-教材 ②数控机床-铣床-金属切削-中等专业学校-教材 Ⅳ.①TG547

中国版本图书馆 CIP 数据核字(2017)第063823号

Shukong Xi Biancheng Yu Caozuo Xiangmu Jiaocheng
数控铣编程与操作项目教程
李煜云　主编

出 版 人：柯　宁
出版发行：华南理工大学出版社
(广州五山华南理工大学17号楼，邮编 510640)
http://hg.cb.scut.edu.cn　　E-mail:scutc13@scut.edu.cn
营销部电话：020-87113487　87111048(传真)
策划编辑：何丽云
责任编辑：何丽云
印 刷 者：广州小明数码印刷有限公司
开　　本：787mm×1092mm　1/16　**印张**：10　**字数**：260千
版　　次：2017年4月第1版　2023年8月第4次印刷
定　　价：28.00元

前　言

本课程是数控技术、模具制造专业的核心课程，以系列典型零件项目为载体，学习数控铣床操作、编程知识和技能。每个项目中以典型实际零件为实例，涵盖了图纸分析、工艺知识、操作加工方法及编程知识等方面。通过本课程的学习，学生能够独立完成中等复杂程度零件的数控加工，掌握设计工艺、编制程序及操作加工等知识与技能。

本书以数控铣床加工的基本加工要素为项目设计思路，囊括了数控铣床基本知识、平面铣削加工、外形铣削加工、台阶零件加工、内槽加工、内轮廓加工、钻孔加工、镜像铣削加工、旋转加工、综合零件加工和半球铣削加工等。每个项目内容包含零件图纸的分析、零件加工刀具量具的选用、零件的加工工艺、零件节点坐标的计算、零件加工程序的编写、项目评分评价和适用的理论知识等。

本书具有以下特点：

(1)以培养技能型人才为导向，以培养职业能力为核心，以项目工作任务及工作过程为依据，整合、程序化教学内容，做到技能训练与知识学习并重。既注重理论与任务相结合，同时遵循中等职业院校学生的认知规律，紧密结合职业技能考核要求，在编写过程中考虑企业对技术人员的需求，结合工作岗位实际，与职业岗位对接；以项目任务为驱动，强化知识与技能的融合；以技能鉴定为方向，促进学生养成规范的职业行为；将创新理念贯彻到内容选取、教材体例等方面，以学生能力发展为中心，培养学生的创新能力和自学能力。

(2)除了大量项目实训和应用案例外，每个项目模块都能覆盖本课程的知识点，使抽象、难懂的教学内容变得直观、易懂和易掌握，并充分利用互联网资源、本课程网站资源，在网上开展教学活动，包括网络课程学习、自主学习、课后复习、课件下载、网上答疑等，使学生可以不受时间、地点的限制，方便学习提高。

(3)在内容上，本书充分考虑到中职教育的特点和当前课程改革的要求，针对一般教材“重知识、轻能力，重理论、轻实践”的弊端，按照“以工作任务为中心组织教学内容，以完成工作任务为主要学习方式和最终目标”的原则，并结合多年教学实践编写而成。通过设计课程项目内容，每个项目的学习都以实际零件工作任务为载体进行设计活动，实现“想、做、写、评、学、练”一体化，从而提高学生各方面的能力。

(4)在形式上，每个具体项目设置[项目引入]、[项目任务及要求]、[学习目标]、[项目实施过程]、[项目检查与评价]、[指令知识加油站]、[拓展项目]等板块，引导学生明确各课题的学习目标，学习与课题相关的知识和技能，并适当拓展相关知识，强调在操作过程中应注意的问题。

本书由李煜云主编，黄富主审。具体写作分工如下：林滋露、王欢共同编写了项目一，李煜云编写了项目二至项目四，张岩坤编写了项目五至项目七，刘俊华编写了项目八至项目十一；全书由李煜云统稿。在编写过程中，东莞市高技能公共实训中心、东莞理工学校、东莞市高级技工学校、东莞电子商贸学校以及东莞模具制造相关企业给予了大力支持，在此一并表示衷心的感谢。

限于作者的水平，书中难免有不妥之处，恳请广大读者批评指正。

编　者

2017年1月

目　录

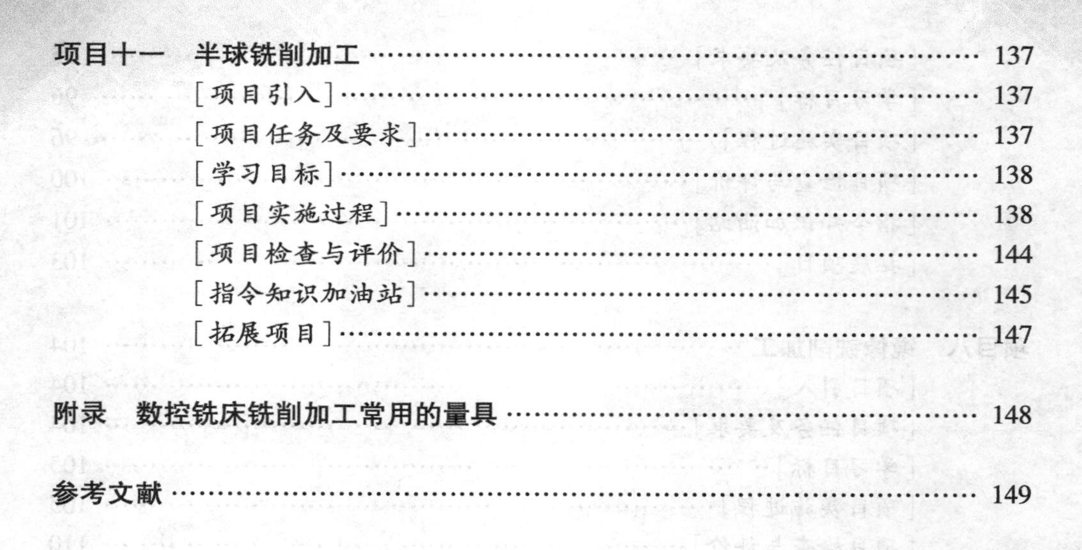

项目一

数控铣床基础知识

内容一　数控技术与数控铣床的组成及加工特点

学习目标

知识目标

- 了解数控铣床型号标识与种类；
- 理解数控铣床的结构组成，培养学生对本工种的兴趣；
- 了解数控铣床加工的特点与加工范围。

技能目标

- 能区分不同类型数控铣床的加工特点。

情感目标

- 培养学生对本工种的兴趣。

想一想

1. 回想以前学过的普通铣床加工是如何实现的？
2. 普通铣床的结构组成有哪些？
3. 初步认识的数控铣床是什么样的？由哪些结构组成？
4. 普通铣床的加工特点有哪些？能加工什么样的零件？和数控铣床有什么异同之处？
5. 谈谈对数控铣床的了解。

知识学习

读一读

一、 数控技术与数控铣床概述

数控(Numerical Control)技术是指用数字、文字和符号组成的数字指令来实现一台或多台机械设备动作控制的技术。它所控制的通常是位置、角度、速度等机械量和与机械能量流向有关的开关量。数控的产生依赖于数据载体和二进制数据运算的出现。19 世纪末，以纸为数据载体并具有辅助功能的控制系统被发明；1908 年，穿孔的金属薄片互换式数据载体问世；1938 年，香农在美国麻省理工学院进行了数据快速运算和传输，奠定了现代计算机，包括计算机数字控制系统的基础。数控技术是与机床控制密切结合发展起来的。1952 年，第一台数控机床问世，成为世界机械工业史上一件划时代的事件，推动了自动化的发展。

现在，数控技术也叫计算机数控技术(Computer Numerical Control)，目前它是采用计算机实现数字程序控制的技术。这种技术用计算机按事先存储的控制程序来实现对设备的控制。由于采用计算机替代原先用硬件逻辑电路组成的数控装置，使输入数据的存储、处理、运算、逻辑判断等各种控制机能的实现，均可通过计算机软件来完成。

数字控制机床(Numerical Control Machine Tools)简称数控机床，这是一种将数字计算技术应用于机床的控制技术。它把机械加工过程中的各种控制信息用代码化的数字表示，通过信息载体输入数控装置。经运算处理由数控装置发出各种控制信号，控制机床的动作，使数控机床按图纸要求的形状和尺寸，自动地将零件加工出来。数控机床较好地解决了复杂、精密、小批量、多品种的零件加工问题，是一种柔性的、高效能的自动化机床，代表了现代机床控制技术的发展方向，是一种典型的机电一体化产品。

数控机床的基本组成包括加工程序载体、数控装置、伺服驱动装置、机床主体和其他辅助装置。下面分别对各组成部分的基本工作原理进行概要说明。

1. 加工程序载体

数控机床工作时，不需要工人直接去操作机床，要对数控机床进行控制，必须编制加工程序。零件加工程序中，包括机床上刀具和工件的相对运动轨迹、工艺参数(进给量和主轴转速等)和辅助运动等。将零件加工程序用一定的格式和代码，存储在一种程序载体上，如穿孔纸带、盒式磁带、软磁盘等，通过数控机床的输入装置，将程序信息输入到 CNC 单元。

2. 数控装置

数控装置是数控机床的核心。现代数控装置均采用 CNC(Computer Numerical Control)形式，这种 CNC 装置一般使用多个微处理器，以程序化的软件形式实现数控功能，因此又称软件数控(Software NC)。CNC 系统是一种位置控制系统，它根据输入数据插补出理想的运动轨迹，然后输出到执行部件加工出所需要的零件。因此，数控装置主要由输入、处理和输出三个基本部分构成。而所有这些工作都由计算机的系统程序合理地进行组织，使整个系统协调地进行工作。

1)输入装置

输入装置将数控指令输入数控装置。根据程序载体的不同，相应有不同的输入装置，目前主要有键盘输入、CAD/CAM 系统直接通信方式输入和连接上级计算机的 DNC(直接数控)输入。

① MDI 手动数据输入方式。操作者可利用操作面板上的键盘输入加工程序的指令，它适用于比较短的程序。

在控制装置编辑状态(EDIT)下，用软件输入加工程序，并存入控制装置的存储器中。这种输入方法可重复使用程序。一般手工编程均采用这种方法。

在具有会话编程功能的数控装置上，可按照显示器上提示的问题，选择不同的菜单，用人机对话的方法，输入有关的尺寸数字，就可自动生成加工程序。

② 采用 DNC(直接数控)输入方式。把零件程序保存在上级计算机中，CNC 系统一边加工一边接收来自计算机的后续程序段。DNC 方式多用于使用 CAD/CAM 软件设计的复杂工件并直接生成零件程序的情况。

2)信息处理

输入装置将加工信息传给 CNC 单元，编译成计算机能识别的信息，由信息处理部分按照控制程序的规定，逐步存储并进行处理后，通过输出单元发出位置和速度指令给伺服系统及主运动控制部分。CNC 系统的输入数据包括：零件的轮廓信息(起点、终点、直线、圆弧等)、加工速度及其他辅助加工信息(如换刀、变速、冷却液开关等)。数据处理的目的是完成插补运算前的准备工作。数据处理程序还包括刀具半径补偿、速度计算及辅助功能的处理等。

3)输出装置

输出装置与伺服机构相连。输出装置根据控制器的命令接收运算器的输出脉冲，并把它送到各坐标的伺服控制系统，经过功率放大，驱动伺服系统，从而控制机床按规定要求运动。

3. 伺服系统和测量反馈系统

伺服系统是数控机床的重要组成部分，用于实现数控机床的进给伺服控制和主轴伺服控制。伺服系统的作用是把接收到的来自数控装置的指令信息，经功率放大、整形处理后，转换成机床执行部件的直线位移或角位移运动。由于伺服系统是数控机床的最后环节，其性能将直接影响数控机床的精度和速度等技术指标，因此，对数控机床的伺服驱动装置，要求具有良好的快速反应性能，准确而灵敏地跟踪数控装置发出的数字指令信号，并能忠实地执行来自数控装置的指令，提高系统的动态跟随特性和静态跟踪精度。

伺服系统包括驱动装置和执行机构两大部分。驱动装置由主轴驱动单元、进给驱动单元和主轴伺服电动机、进给伺服电动机组成。步进电动机、直流伺服电动机和交流伺服电动机是常用的驱动装置。

测量元件将数控机床各坐标轴的实际位移值检测出来并经反馈系统输入到机床的数控装置中，数控装置对反馈回来的实际位移值与指令值进行比较，并向伺服系统输出达到设定值所需的位移量指令。

4. 机床主体

机床主机是数控机床的主要部件。它包括床身、底座、立柱、横梁、滑座、工作台、主轴箱、进给机构、刀架及自动换刀装置等机械部件。它是在数控机床上自动地完成各种切削加工的机械部分。与传统的机床相比，数控机床主体具有如下结构特点：

①采用具有高刚度、高抗震性及较小热变形的机床新结构。通常用提高结构系统的静刚度、增加阻尼、调整结构件质量和固有频率等方法来提高机床主体的刚度和抗震性，使机床主体能适应数控机床连续自动地进行切削加工的需要。采取改善机床结构布局、减少发热、控制温升及采用热位移补偿等措施，可减少热变形对机床主体的影响。

②广泛采用高性能的主轴伺服驱动和进给伺服驱动装置，使数控机床的传动链缩短，简化了机床机械传动系统的结构。

③采用高传动效率、高精度、无间隙的传动装置和运动部件，如滚珠丝杠螺母副、塑料滑动导轨、直线滚动导轨、静压导轨等。

5. 数控机床的辅助装置

辅助装置是指保证充分发挥数控机床功能所必需的配套装置。常用的辅助装置包括：气动、液压装置，排屑装置，冷却、润滑装置，回转工作台和数控分度头，防护装置，照明装置等。

数控铣床是采用铣削加工方式加工工件的数控机床。数控铣床是一种加工功能很强的数控机床，在数控加工中占据了重要地位。数控铣床具有 X、Y、Z 三轴向可移动的特性，更加灵活，且可完成较多的加工工序。现在数控铣床已全面向多轴化发展，目前迅速发展的加工中心和柔性制造单元也是在数控铣床和数控镗床的基础上产生的。

与加工中心相比，数控铣床除了缺少自动换刀功能及刀库外，其他方面均与加工中心类似，可以对工件进行钻、扩、铰、锪和镗孔加工与攻丝等，但它目前主要还是被用来对工件进行铣削加工，下面所说的主要加工对象及分类也是从铣削加工的角度来考虑的。数控铣床的加工对象有以下几种类型：

1）平面类零件

加工面平行、垂直于水平面或其加工面与水平面的夹角为定角的零件称为平面类零件。目前，在数控铣床上加工的绝大多数零件属于平面类零件。平面类零件的特点是，各个加工单元面是平面，或可以展开成为平面。平面类零件是数控铣削加工对象中最简单的一类，一般只需用三轴坐标数控铣床的两坐标轴联动就可以把它们加工出来。

2）变斜角类零件

加工面与水平面的夹角呈连续变化的零件称为变斜角类零件。这类零件多数为飞机零件，如飞机上的整体梁、框、缘条与肋等，此外还有检验夹具与装配型架等。变斜角类零件的变斜角加工面不能展开为平面，但在加工中，加工面与铣刀圆周接触的瞬间为一条直线。最好采用四轴坐标和五轴坐标数控铣床摆角加工，在没有上述机床时，也可用三轴坐标数控铣床进行二点五坐标近似加工。

3）曲面类（立体类）零件

加工面为空间曲面的零件称为曲面类零件。这类零件的特点，其一是加工面不能展开为平面；其二是加工面与铣刀始终为点接触。此类零件一般采用三轴坐标数控铣床。

二、 数控铣床的型号标记

XK714B 立式数控铣床如图 1－1 所示。

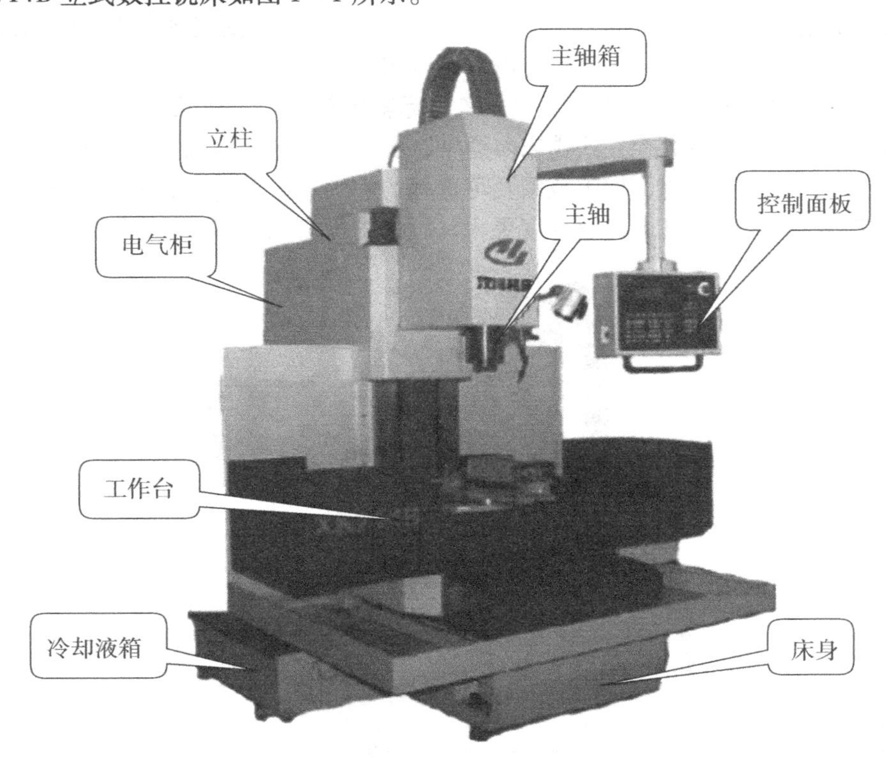

图 1－1 XK714B 立式数控铣床

数控铣床型号标记 XK714B 的字母和数字代表的含义如下：

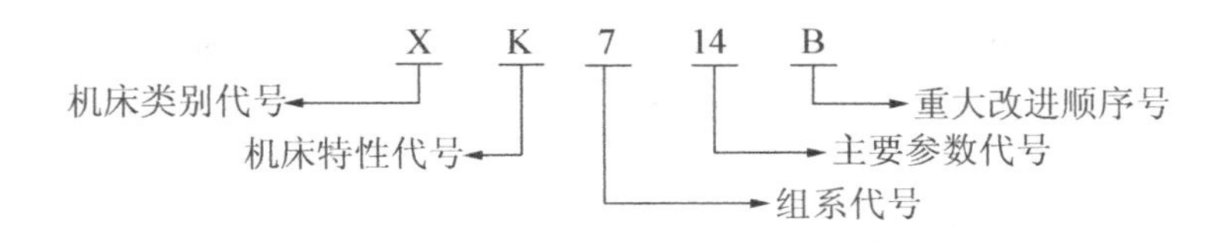

三、 数控铣床的分类

铣床可以根据主轴的布置形式、控制系统的功能进行多种形式的分类。不同类型的数控铣床特点也不同。

1. 按主轴布置形式分类

按机床主轴的布置形式及机床的布局特点分类，可分为数控立式铣床、数控卧式铣床和数控龙门铣床等。

1)数控立式铣床

这类铣床一般可进行三坐标轴联动加工，目前三轴坐标数控立式铣床占大多数。如图1－2所示，数控立式铣床主轴与机床工作台面垂直，工件装夹方便，加工时便于观察，但不便于排屑。一般采用固定式立柱结构，工作台不升降。主轴箱做上下运动，并通过立柱内的重锤平衡主轴箱的质量。为保证机床的刚性，主轴中心线距立柱导轨面的距离不能太大，因此，这种结构主要用于中小尺寸的数控铣床。

此外，还有的机床主轴可以绕 *X*、*Y*、*Z* 坐标轴中其中一个或两个做数控回转运动的，称为四轴坐标和五轴坐标数控立式铣床。通常，机床控制的坐标轴越多，尤其是要求联动的坐标轴越多，机床的功能、加工范围及可选择的加工对象也越多；但是机床结构更加复杂，对数控系统的要求更高，编程难度更大，设备的价格也更高。

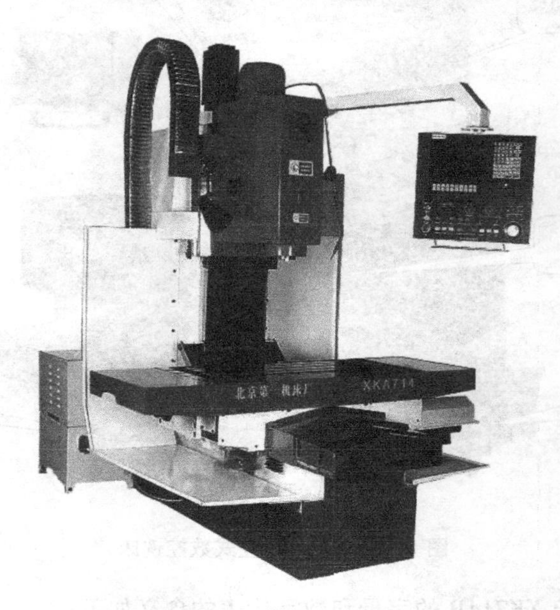

图1－2　数控立式铣床

数控立式铣床也可以附加数控转盘，采用自动交换台，增加靠模装置来扩大它的功能、加工范围及加工对象，进一步提高生产效率。

2)数控卧式铣床

数控卧式铣床与通用卧式铣床相同，其主轴轴线平行于水平面。如图1－3所示，数控卧式铣床的主轴与机床工作台面平行，加工时不便于观察，但排屑顺畅。为了扩大加工范围和扩充功能，一般配有数控回转工作台或万能数控转盘来实现四轴坐标、五轴坐标加工，这样不但工件侧面上的连续轮廓可以加工出来，而且可以实现在一次安装过程中，通过转盘改变工位，进行“四面加工”。尤其是万能数控转盘，可以把工件上各种不同的角度或空间角度的加工面摆成水平来加工，这样可以省去很多专用夹具或专用角度的成形铣刀。虽然数控卧式铣床在增加了数控转盘后很容易做到对工件进行“四面加工”，使其加工范围更加广泛。但从制造成本上考虑，单纯的数控卧式铣床现在已比较少，而多是在配备自动换刀装置(ATC)后成为卧式加工中心。

图1－3　数控卧式铣床

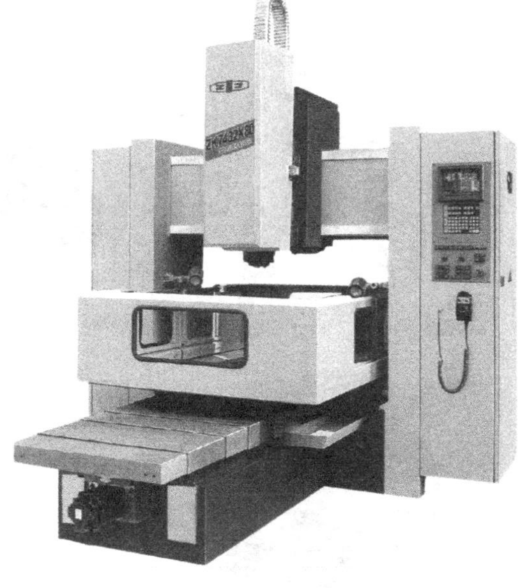
图1－4　数控龙门铣床

3）数控龙门铣床

对于大尺寸的数控铣床，一般采用对称的双立柱结构，以保证机床的整体刚性和强度，这就是数控龙门铣床，如图1－4所示。数控龙门铣床有工作台移动和龙门架移动两种形式。主要用于大、中等尺寸，大、中等质量的各种基础大件、板件、盘类件、壳体件和模具等多品种零件的加工，工件一次装夹后可自动高效、高精度地连续完成铣、钻、镗和铰等多种工序的加工，适用于航空、重机、机车、造船、机床、印刷、轻纺和模具等制造行业。

2. 按数控系统的功能分类

按数控系统的功能分类，数控铣床可分为经济型数控铣床、全功能数控铣床和高速数控铣床等。

1）经济型数控铣床

经济型数控铣床一般采用经济型数控系统，如SE－MENS802S等采用开环控制，可以实现三坐标轴联动。这种数控铣床成本较低，功能简单，加工精度不高，适用于一般复杂零件的加工，一般有工作台升降式和床身式两种类型。如图1－5a所示。

2）全功能数控铣床

全功能数控铣床采用半闭环控制或闭环控制，其数控系统功能丰富，一般可以实现四坐标轴以上的联动，加工适应性强，应用最广泛，如图1－5b所示。

3）高速数控铣床

高速铣削是数控加工的一个发展方向，技术已经比较成熟，已逐渐得到广泛的应用。这种数控铣床采用全新的机床结构、功能部件和功能强大的数控系统，并配以加工性能优越的刀具系统，加工时主轴转速一般在8 000～40 000 r/min，切削进给速度可达10～30 m/min，可以对大面积的曲面进行高效率、高质量的加工，如图1－6所示。但目前这种机床价格昂贵，使用成本比较高。

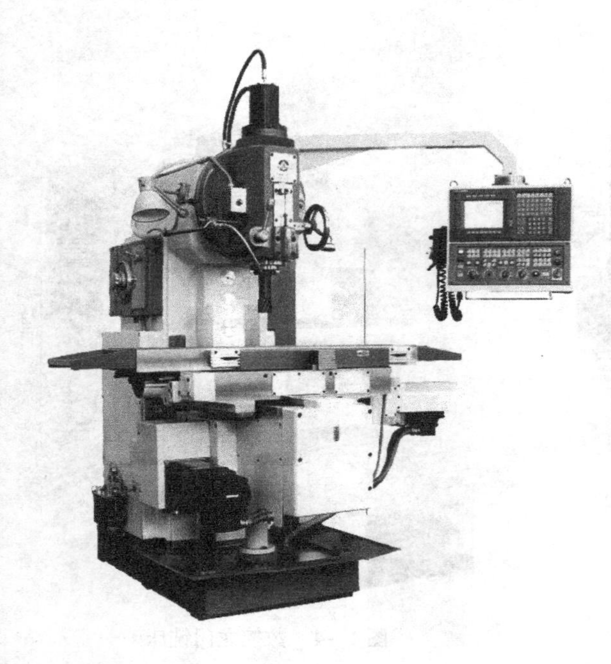

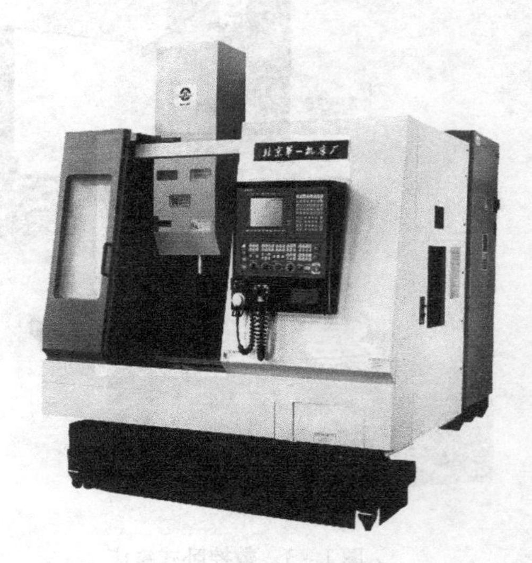

(a) 经济型数控铣床　　　　(b) 全功能数控铣床

图 1－5　数控铣床

图 1－6　高速数控铣床

四、 数控铣床的组成

1. 主机

主机是数控铣床的主体，包括床身、立柱、主轴、进给机构等机械部件，是用于完成各种切削加工的机械部件。

2. 数控装置

数据装置是数控铣床的大脑，包括硬件(控制主板、显示屏、键盘、输入输出接口等)以及相应的软件。数控装置用于输入数字化的加工程序，并完成输入信息的存储、数据的变更、插补运算以及实现各种控制功能。

3. 驱动装置

驱动装置是数控铣床执行机构的驱动部件，包括主轴驱动单元、进给单元、主轴电机及进给电机等。在数控系统的控制下通过电气或电液伺服系统实现主轴和进给驱动。当多个进给联动时，可以完成定位、直线、平面曲线和控件曲线的加工。

4. 辅助装置

辅助装置指数控铣床的一些必要的配套部件，用以保证数控铣床的运行，如冷却、排屑、润滑、照明等。辅助装置包括液压和气动装置、排屑装置、工作台的交换驱动和刀具测量等。

5. 编程及其他附属设备

可以用来在机外进行零件的程序编制、存储、传输等。

五、 数控铣床的加工特点

1. 加工灵活、通用性强

数控铣床的最大特点是高柔性，即灵活、通用、多功能，可以加工不同形状的工件。在数控铣床上能完成钻孔、镗孔、铰孔，铣平面、铣斜面、铣槽、铣曲面(凸轮)，攻螺纹等加工。在一般情况下，一次装夹就可完成所需要的加工工序。

2. 加工精度高

目前，数控装置的脉冲当量通常是0.001 mm，高精度的数控系统能达到0.1μm，通常情况下都能保证工件精度。另外，数控加工还可以避免操作人员的操作失误，使同一批加工零件的尺寸同一性好，很大程度上提高了产品质量。因为数控铣床具有较高的加工精度，能加工很多普通机床难以加工或根本不能加工的复杂型面，所以在加工各种复杂模具时其优越性更突出。

3. **生产效率高**

数控铣床上通常是不使用专用夹具等专用工艺设备。在更换工件时，只需调用储存于数控装置中的加工程序、装夹工件和调整刀具数据即可，因而大大缩短了生产周期。其次，数控铣床具有铣床、钻床和镗床的功能，使工序高度集中，大大提高了生产效率并减少了工件装夹误差。另外，数控铣床的主轴转速和进给速度都是无级变速的，因此有利于选择最佳切削用量。数控铣床具有快进、快退、快速定位功能，可大大减少机动时间。据统计，数控铣床加工比普通铣床加工的生产效率提高 3 ～ 5 倍，对于复杂的成型面加工，生产效率可提高十几倍，甚至几十倍。

4. **有利于生产管理的现代化**

采用数控机床能准确地计算产品单个工时，合理安排生产。数控机床使用数字信息与标准代码处理、控制加工，为实现生产过程自动化创造了条件。同时，有效地简化了检验、工夹具和半成品之间的信息传递。

此外，采用数控铣床还能改善工人的劳动环境，大大减轻劳动强度。

内容二　数控铣床操作面板功能及操作

学习目标

知识目标

- 了解数控铣床操作面板的功能区域划分。
- 了解数控铣床操作面板各个按键的基本功能、作用。

技能目标

- 了解数控铣床面板各个按键的基本操作。
- 掌握数控铣床面板中运动轴回零、手动手轮、MDI、录入程序等基本操作。

情感目标

- 小组分组熟悉数控铣床面板，培养交流合作的能力。

想一想

1. 数控铣床操作面板布局有什么特点？由哪几块组成？
2. HNC－21M 代表什么意思？什么系统？
3. 数控铣床控制面板可以控制什么？
4. 谈谈你对数控铣床控制面板的了解。

知识学习

读一读

一、 数控铣床面板功能

数控铣床常用的系统有华中数控系统、广州数控系统、FANUC 数控系统，三者的面板基本一致。

1. 华中数控系统面板

以华中世纪星 HNC－21M 为例介绍数控铣床的面板，面板整体外观如图 1－7 所示。

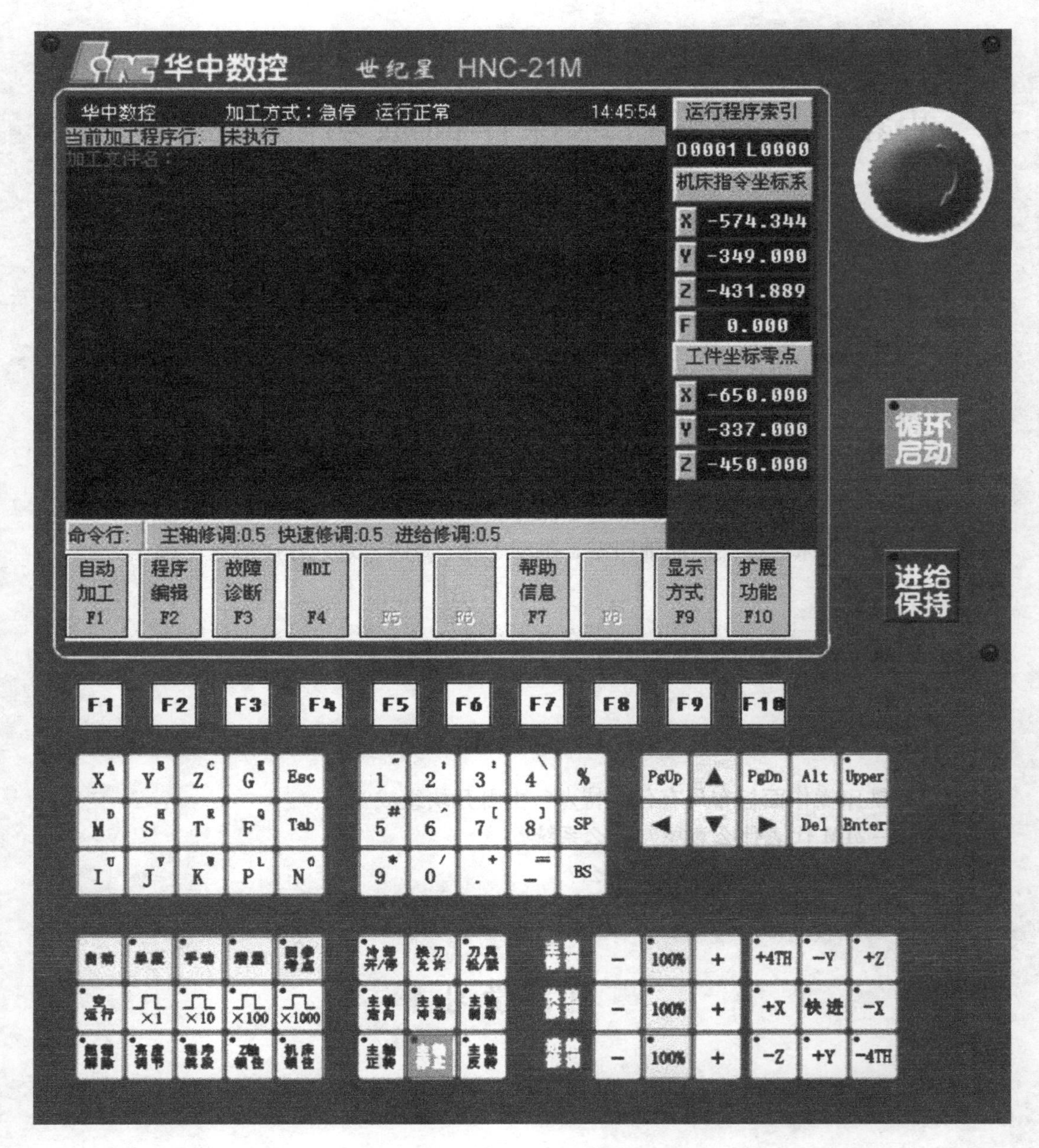

图 1－7　HNC－21M 操作面板

1）面板划分

HNC－21M 数控铣床数控系统具有集成式操作面板，共分为显示屏区、功能软键区、MDI 键盘键区、机床操作按键区等几大区域，如图 1－8 所示。

2）按键功能说明

机床操作按键主要分为两个部分，工作方式选择按键与机床操作按键。工作方式选择按键有：自动、单段、手动、增量、回参考点，在选择的工作方式下的相应操作如表 1－1 所示。

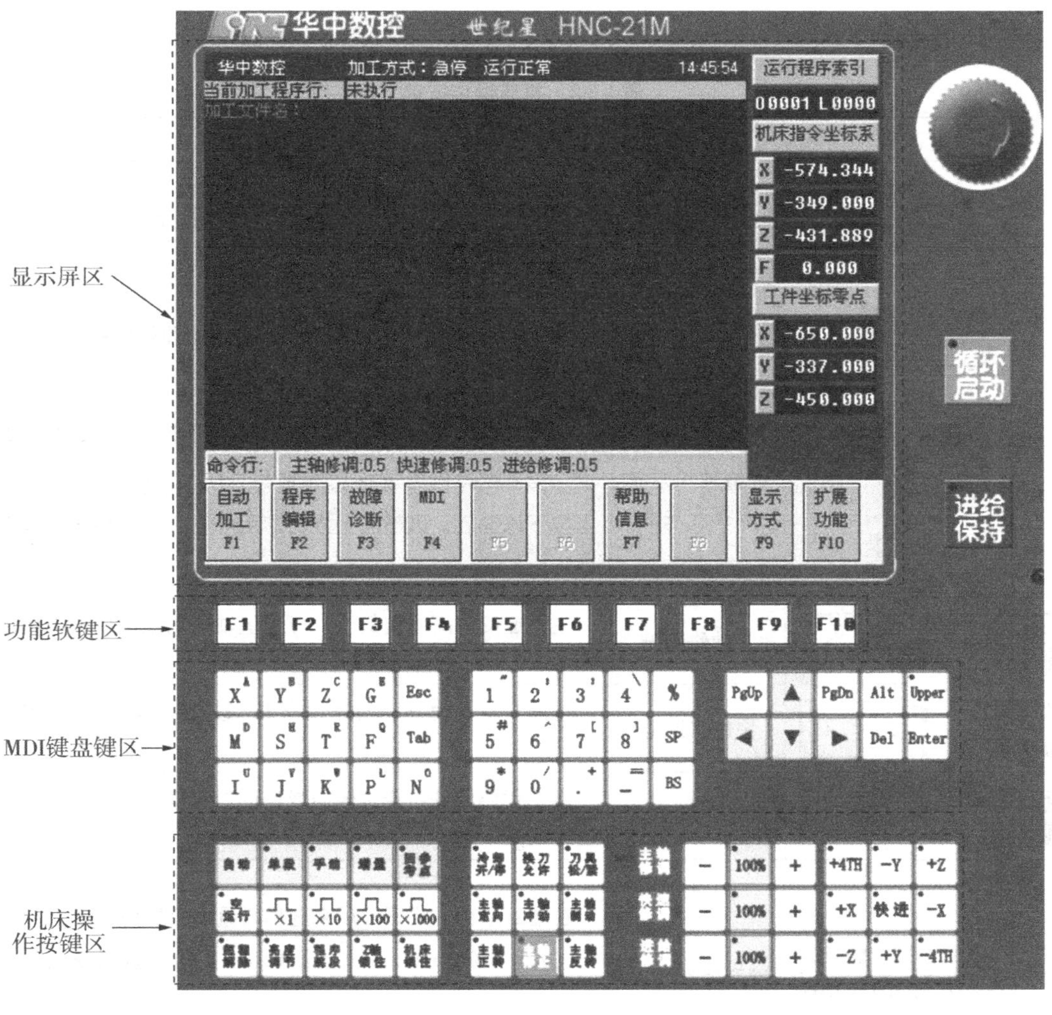

图 1－8 面板区域分布图

表 1－1 工作方式选择按键

按键符号	名称	功能说明	按键符号	名称	功能说明
自动	自动键	自动连续加工工件；模拟加工工件；在 MDI 模式下运行指令	手动	手动键	通过机床操作键可手动换刀、手动移动机床各轴，手动松紧卡爪，伸缩尾座、主轴正反转
单段	单段键	自动逐段地加工工件(按一次 循环启动 键，执行一个程序段，直到程序运行完成)；MDI 模式下运行指令	回参考点	回参考点键	手动返回参考点，建立机床坐标系(机床开机后应首先进行回参考点操作)
增量	增量键	增量 工作方式下：定量移动机床坐标轴。手动 工作方式下：机床进给速度受操作者手动速度和倍率控制			

机床操作键如表1－2所示。

表1－2 机床操作按键

按键符号	名称	功能说明
	急停键	用于锁住机床。按下急停键时，机床立即停止运动
循环启动 进给保持	循环启动/进给保持键	在自动和MDI运行方式下，用来启动和暂停程序
+4TH -Y +Z +X 快进 -X -Z +Y -4TH	进给轴和方向选择开关键	在手动连续进给、增量进给和返回机床参考点运行方式下，用来选择机床欲移动的轴和方向。快进为快进开关。当按下该键后，该键左上方的指示灯亮，表明快进功能开启
主轴修调 - 100% +	主轴修调键	主轴速度偏高或偏低时，可用主轴修调程序中编制的主轴速度
快速修调 - 100% +	快速修调键	修调G00快速移动时系统参数“最高快速度”设置的速度
进给修调 - 100% +	进给修调键	当F代码的进给速度偏高或偏低时，修调程序中编制的进给速度
×1 ×10 ×100 ×1000	增量值选择键	在增量运行方式下，用来选择增量进给的增量值。×1为0.001 mm，×10为0.01 mm，×100为0.1 mm，×1000为1 mm 各键互锁，当按下其中一个时其余各键失效
主轴正转 主轴静止 主轴反转	主轴旋转键	用来开启和关闭主轴，控制主轴的正转与反转
超程解除	超程解除键	当机床运动到达行程极限时，会出现超程，要退出超程状态，可按下该键，再按与刚才相反方向的坐标轴键
程序跳段	程序跳段键	自动加工时，系统可跳过某些指定的程序段
选择停	选择停键	自动加工时，到指定程序段停止
机床锁住	机床锁住键	用来禁止机床坐标轴移动。显示屏上的坐标轴仍会发生变化，但机床停止不动

MDI 键盘键如表 1－3 所示。

表 1－3 MDI 键盘键

按键符号	名称	功能说明
X A 2 1	地址和数字键	按下这些键可以输入字母、数字或者其他字符
Upper	切换键	用于参数内容提供方式的切换
Enter	输入键	用于输入参数、补偿量等数据；通信时文件的输入
Alt	替换键	用于程序的字符更换
Del	删除键	用于程序编程时程序、字段等的删除
PgUp PgDn	翻页键	用于程序编程时的翻页
▲ ◀ ▼ ▶	光标移动键	有四种不同的光标移动键： ▶ 用于将光标向右或者向前移动 ◀ 用于将光标向左或者往回移动 ▼ 用于将光标向下或者向前移动 ▲ 用于将光标向上或者往回移动

3）菜单命令条说明

HNC－21M 的软件操作界面如图 1－9 所示。其界面由如下几个部分组成：

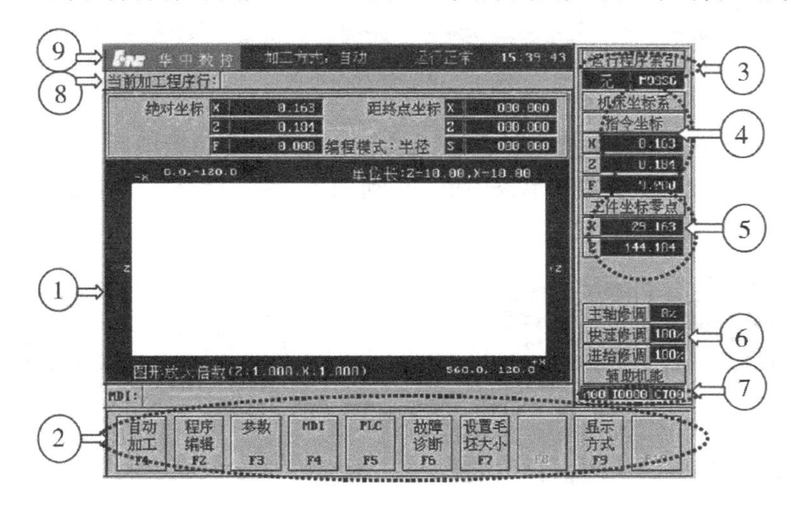

图 1－9 HNC－21M 的软件操作界面

①图形显示窗口：可以根据需要，用功能键 F9 设置窗口的显示内容。

②菜单命令条：通过菜单命令条中的功能键 F1 ~ F10 来完成系统功能的操作。

③运行程序索引：自动加工中的程序名和当前程序段行号。

④选定坐标系下的坐标值：坐标系可在机床坐标系/工件坐标系/相对坐标系之间切换。显示值可以在指令位置/实际位置/剩余进给/跟踪误差/负载电流/补偿值之间切换。

⑤工件坐标零点：工件坐标系零点在机床坐标系下的坐标。

⑥主轴、进给、快速修调：修调主轴转速、进给速度、快速进给速度的百分率。

⑦辅助机能：自动加工中的 M、S、T 代码。

⑧当前加工程序行：当前正在或将要加工的程序段。

⑨当前加工方式、系统运行状态及当前时间。

数控系统屏幕的下方就是菜单命令条，如图 1 - 10 所示。

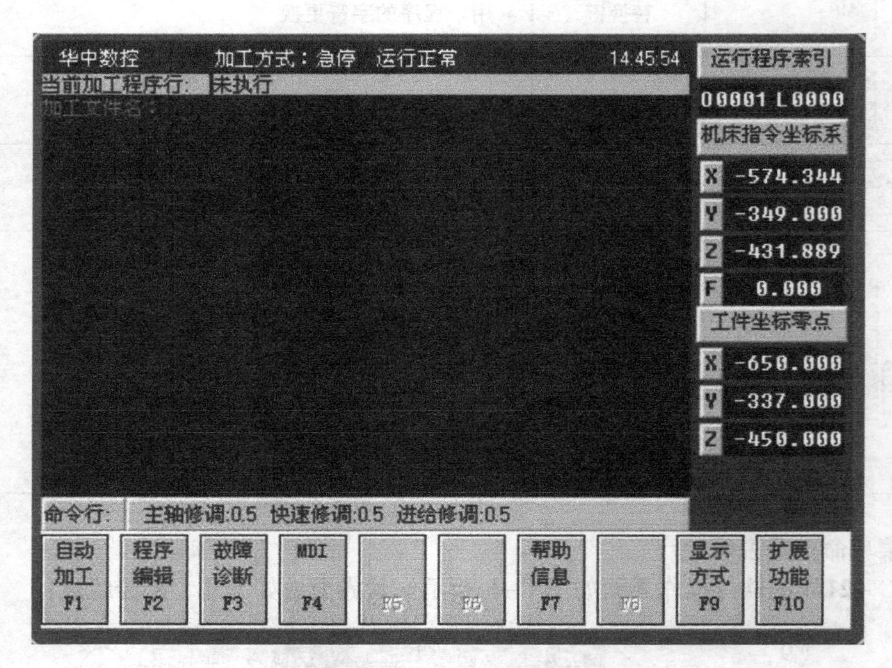

图 1 - 10　菜单命令条

由于每个功能包括不同的操作，在主菜单条上选择一个功能项后，菜单条会显示该功能下的子菜单。例如，按下主菜单条中的“自动加工”后，就进入自动加工下面的子菜单条，如图 1 - 11 所示。

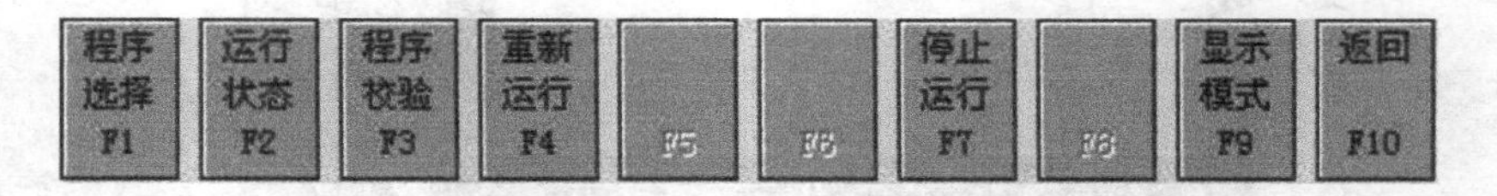

图 1 - 11　“自动加工”下的子菜单

每个子菜单条的最后一项都是“返回”项，按该键就能返回上一级菜单。快捷键如图 1 - 12 所示。

图 1 - 12　子菜单下的快捷键

这些键的作用和菜单命令条是一样的。在菜单命令条及弹出菜单中，每一个功能项的按键上都标注了 F1、F2 等字样，表明要执行该项操作也可以通过按下相应的快捷键来执行。

2. FANUC Oi Mate - MD 数控铣床面板功能

FANUC 系统与广州数控系统在操作面板上基本上是一致的，图 1 - 13 为 FANUC Oi Mate - MD 数控系统 CRT/MDI 面板。

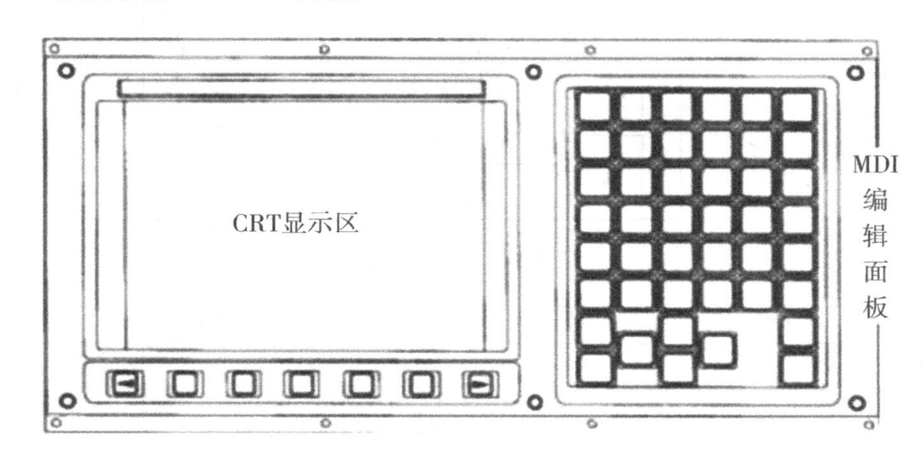

图 1 - 13　FANUC Oi Mate - MD 数控系统 CRT/MDI 面板

FANUC Oi Mate - MD 数控系统面板由系统操作面板和机床控制面板两部分组成。

1) 系统操作面板

系统操作面板包括 CRT 显示区和编辑操作面板(MID 面板)，如图1 - 13 所示。

(1) CRT 显示区。位于整个机床面板的左上方，包括显示区和屏幕相对应的功能软键(见图 1 - 14)。

(2) 编辑操作面板(MDI 面板)。一般位于 CRT 显示区的右侧。MDI 面板上键的位置(见图 1 - 15)和各按键的名称及功能见表 1 - 4 和表 1 - 5。

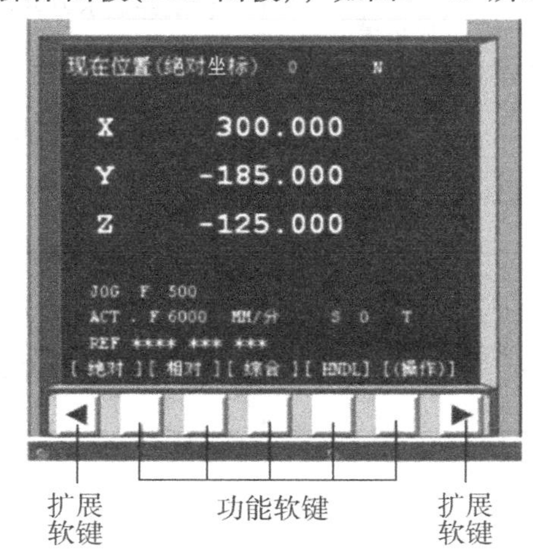

图 1 - 14　FANUC Oi Mate - MD 数控系统 CRT 显示区

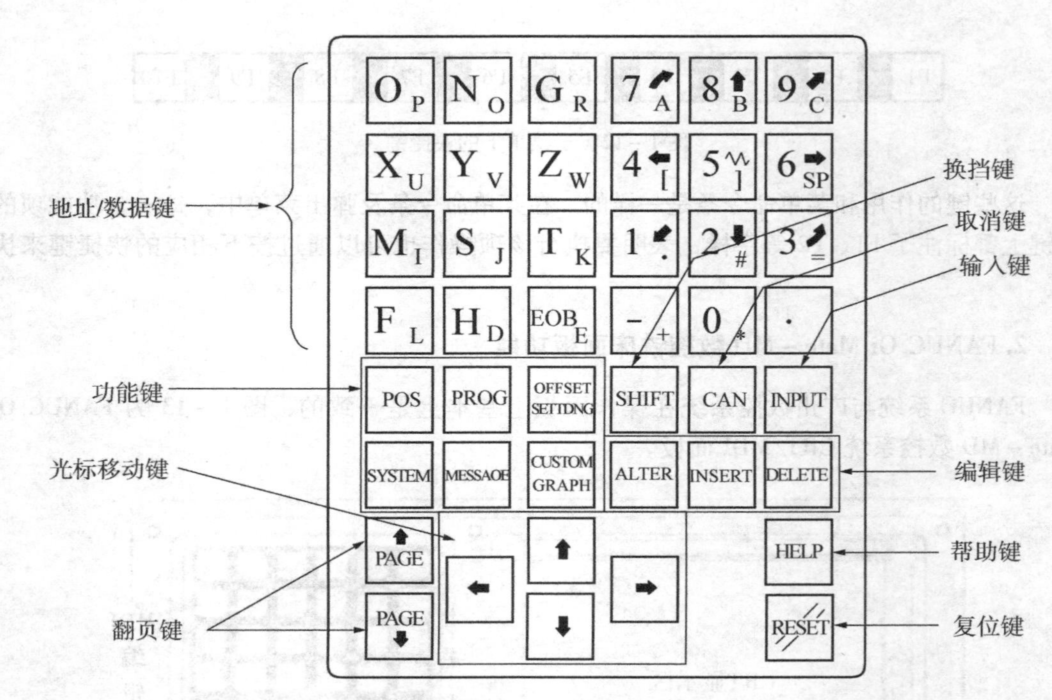

图 1－15　MDI 面板

表 1－4　FANUC Oi Mate－MD 系统 MDI 面板上主功能键与功能说明

按键符号	名称	功能说明
POS	位置显示键	显示刀具的坐标信息
PROG	程序显示键	在 EDIT 模式下显示存储器内的程序；在 MDI 模式下输入和显示 MDI 数据；在 AUTO 模式下显示当前待加工或者正在加工的程序
OFFSET SETTING	参数设定/显示键	设定并显示刀具补偿值、工件坐标系以及宏程序变量
SYSTEM	系统显示键	系统参数设定与显示以及自诊断功能数据显示等
MESSAGE	报警信息显示键	显示 NC 报警信息
CUSTOM GRAPH	图形显示键	显示刀具轨迹等图形

表 1－5　FANUC Oi Mate－MD 系统 MDI 面板上其他按键与功能说明

按键符号	名称	功能说明
RESET	复位键	用于所有操作停止或解除报警，CNC 复位
HELP	帮助键	提供与系统相关的帮助信息
DELETE	删除键	在 EDIT 模式下删除输入的字以及 CNC 中存在的程序
INPUT	输入键	加工参数等数值的输入
CAN	取消键	清除输入缓冲器中的文字或者符号
INSERT	插入键	在 EDIT 模式下在光标后输入的字符
ALTER	替换键	在 EDIT 模式下替换光标所在位置的字符
SHIFT	上挡键	用于输入处在上挡位置的字符
PAGE ↑ PAGE ↓	光标翻页键	向上或者向下翻页
O P　N Q　G R　7 A　8 B　9 C X U　Y V　Z W　4 [　5]　6 SP M I　S J　T K　1 ,　2 #　3 = F L　H D　EOB E　- +　0 *　.	程序编辑键	用于 NC 程序的输入
←　↑　↓　→	光标移动键	用于改变光标当前的位置

2）机床控制面板

FANUC Oi Mate－MD 数控系统的控制面板通常在 CRT 显示区的下方（图 1－16），各按键（旋钮）的名称及功能见表 1－6。

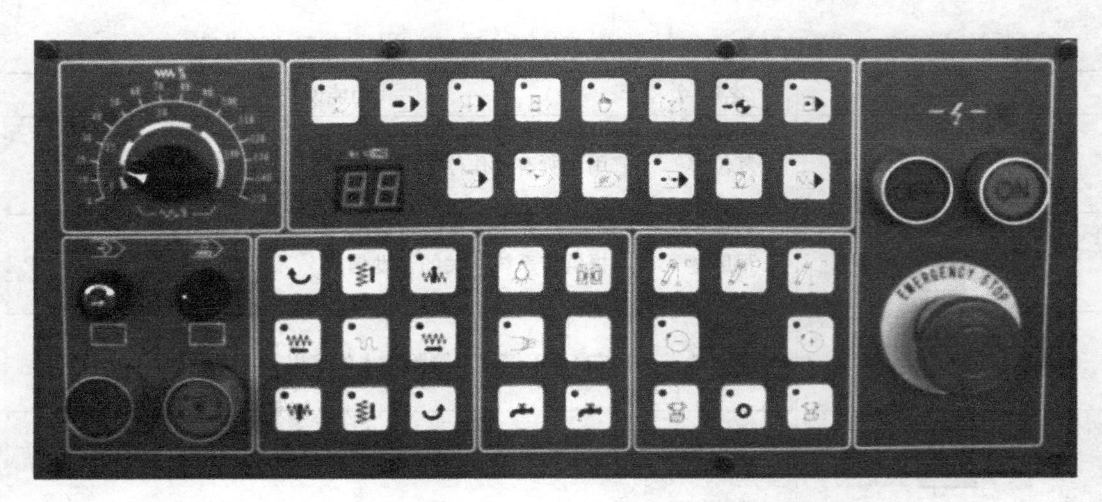

图 1－16　FANUC Oi Mate－MD 数控系统的控制面板

表 1－6　FANUC Oi Mate－MD 数控系统的控制面板各按键及功能

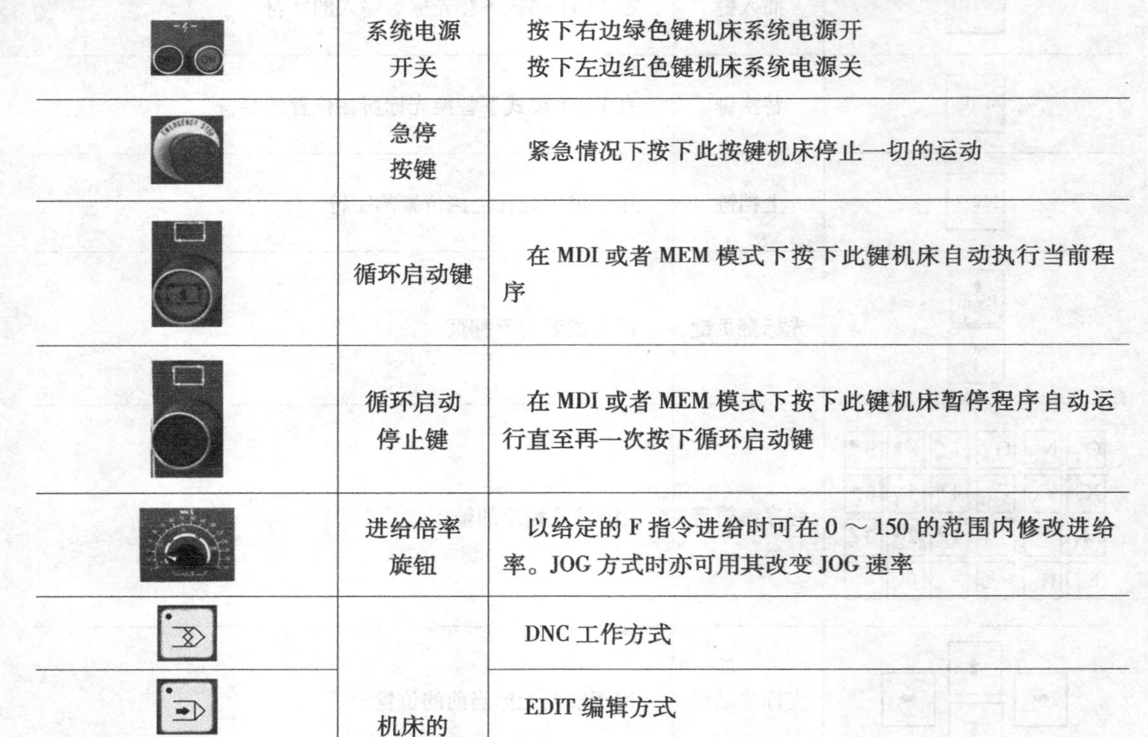

按键符号	名称	功能说明
	系统电源开关	按下右边绿色键机床系统电源开 按下左边红色键机床系统电源关
	急停按键	紧急情况下按下此按键机床停止一切的运动
	循环启动键	在 MDI 或者 MEM 模式下按下此键机床自动执行当前程序
	循环启动停止键	在 MDI 或者 MEM 模式下按下此键机床暂停程序自动运行直至再一次按下循环启动键
	进给倍率旋钮	以给定的 F 指令进给时可在 0 ～ 150 的范围内修改进给率。JOG 方式时亦可用其改变 JOG 速率
	机床的工作模式	DNC 工作方式
		EDIT 编辑方式
		MEM 自动方式
		MDI 手动数据输入方式

续表 1－6

按键符号	名称	功能说明
	机床的工作模式	JOG 手动进给方式
		MPG 手轮进给方式
		ZRN 手动返回机床参考
	轴进给方向键	在 JOG 或者 RAPID 模式下按下某一运动轴按键，被选择的轴会以进给倍率的速度移动，松开按键则轴停止移动
	主轴顺时针转按键	按下此键主轴顺时针旋转
	主轴逆时针转按键	按下此键主轴逆时针旋转
	程序跳段开关键	在 MEM 模式下此键 ON 时指示灯亮，程序中“/”的程序段被跳过执行；此键 OFF 时指示灯灭，完成执行程序中的所有程序段
	Z 轴锁定开关键	在 MEM 模式下此键 ON 时指示灯亮，机床 *Z* 轴被锁定
	选择停止开关键	在 MEM 模式下此键 ON 时指示灯亮，程序中的 M01 有效；此键 OFF 时指示灯灭，程序中 M01 无效
	空运行开关键	在 MEM 模式下此键 ON 时指示灯亮，程序以快速方式运行；此键 OFF 时指示灯灭，程序以 F 所指令的进给速度运行
	单段执行开关键	在 MEM 模式下此键 ON 时，指示灯亮，每按一次循环启动键机床执行一段；程序后暂停此键 OFF 时，指示灯灭，每按一次循环启动键机床连续执行程序段
	空气冷气开关键	按此键可以控制空气冷却的打开或者关闭
	冷却液开关键	按此键可以控制冷却液的打开或者关闭
	机床润滑键	按一下此键机床会自动加润滑油
	机床照明开关键	此键 ON 时打开机床的照明灯；此键 OFF 时关闭机床照明灯

二、数控铣床系统操作

1. 手动返回参考点(机械回参考点)

进入系统后首先应将机床各轴返回参考点。按下“回参考点”按键(指示灯亮)然后按下+X按键,X 轴立即回到参考点,依同样方法,分别按下+Y、+Z按键,使 Y、Z 轴返回参考点。

2. 手动连续进给

(1)点动进给

按下“手动”按键(指示灯亮),系统处于点动运行方式,选择进给速度,按住+X或-X按键(指示灯亮),X 轴产生正向或负向连续移动;松开+X或-X按键(指示灯灭),X 轴停止。

依同样方法,按下+Y、-Y、+Z、-Z按键,使 Y、Z 轴产生正向或负向连续移动。

(2)点动快速移动

在点动进给时,先按下“快进”按键,然后再按坐标轴按键,则该轴将产生快速运动。

进给速度选择的方法为:按下进给修调或快速修调右侧的“100%”按键(指示灯亮),进给修调或快速修调倍率被置为100%;按下+按键,修调倍率增加5%,按下-按键,修调倍率递减5%。

3. 手轮进给

转动手摇脉冲发生器,可使铣床微量进给。

当控制面板上手轮方式、手持单元按键同时按下后,可通过手持脉冲发生器对刀具进行位置控制。脉冲发生器上有各轴选择旋转键、进给倍率旋转键、一个摇动手轮。

各轴选择旋转键:可以选择 X、Y、Z 中的任意轴。

进给倍率旋转键:可以选择轴在 X、Y、Z 方向上的移动速率。

摇动手轮:轴的移动快慢与其转速的快慢有关。

4. 录入(MDI)运转方式

(1)在系统控制面板上,按下菜单键中“MDI F4”按键,进入MDI功能子菜单,如图1-17所示。

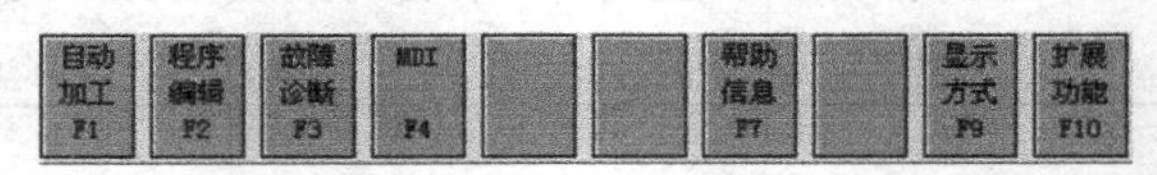

图1-17

(2)在 MDI 功能子菜单下，按下 MDI运行 F6 按键，进入 MDI 运行方式，如图 1－18 所示。

图 1－18

(3)这时就可以在 MDI 一栏的命令行内输入 G 代码指令段，如图 1－19 所示。

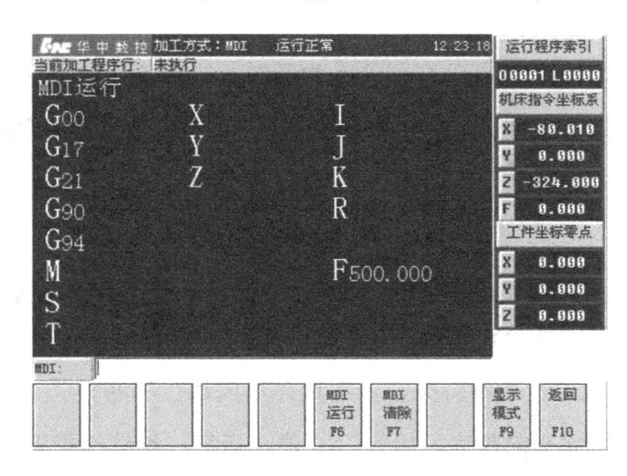

图 1－19

输入 MDI 指令段有三种输入方式：

① 一次输入多个指令字。

② 多次输入，每次输入一个指令字。

例如，要输入“G00 X100 Y1000”，可以：直接在命令行输入“G00 X100 Y1000”，然后按 Enter 键，这时显示窗口内 *X*、*Y* 值分别变为 100、1000。

③ 在命令行先输入“G00”，按 Enter 键，显示窗口内显示“G00”；再输入“X100”按 Enter 键，显示窗口内 *X* 值变为 100；最后输入“Y1000”，然后按 Enter 键，显示窗口内 *Y* 值变为 1000。

在输入指令时，可以在命令行看见当前输入的内容，在按 Enter 键之前发现输入错误，可用 BS 按键将其删除：在按了 Enter 键后发现输入错误或需要修改，只需重新输入一次指令，新输入的指令就会自动覆盖旧的指令。

运行 MDI 指令段：输入完成一个 MDI 指令段后，按下操作面板上的 循环启动 按键，系统就开始运行所输入的指令。

5. 自动运行

(1)首先把程序存入存储器中；

(2)选择自动方式；

(3)选择要运行的程序：

① 选择编辑或自动操作方式；

② 按 程序选择 键，进入程序内容显示界面；

③ 按地址键，键入程序号；

④ 在显示界面上显示检索到的程序，若程序不存在，CN 出现报警。

(4)按运行启动按钮后，开始执行程序。

6. 试运行

自动操作方式下，机床锁住开关 机床锁住 为开时，机床工作台不移动，位置界面下的综合坐标页面的机床坐标不改变，相对坐标、绝对坐标和余移动量不断刷新，与机床锁住开关处于关闭状态一样。机床锁住运行常用于程序检验。

7. 单段程序

首次执行程序时，为防止编程错误或者对刀错误，可选择单段运行。自动操作方式下，单段程序开关的方法如下：

按 单段 键使单段运行指示灯亮，表示选择单段运行功能；

单段运行时，执行完当前程序段后，CNC 停止运行；继续执行下一个程序段时，需要再次按下运行键，如此反复直至程序运行完毕。

内容三 数控铣床常用工刃夹具与对刀

学习目标

知识目标

- 了解数控铣床铣刀种类。
- 了解平口虎钳、V 形架、分度头等工艺装备知识。
- 掌握数控铣床的铣床坐标系知识。

技能目标

- 会装拆工件及数控铣刀。
- 掌握对刀操作方法。

情感目标

- 分组对刀，培养小组合作精神和安全文明操作铣床的职业素养。

想一想

1. 数控铣床刀具有哪些？
2. 普通铣床是如何装夹工件的？数控铣床是否也是一样？
3. 数控铣床如何装夹刀具？
4. 普通铣床是如何对刀的？数控铣床也一样吗？

知识学习

读一读

一、 常用刀具

铣刀是一种主要用于铣床上加工平面、台阶、沟槽、成形表面和切断工件的旋转刀具。工作时各刀齿依次间歇地切去工件的余量。铣刀主要有圆柱形铣刀、端面铣刀、立铣刀、三面刃铣刀、角度铣刀、锯片铣刀、T 形铣刀等几种常见类型，如图 1－20 所示。

在立式数控铣床的加工中，最常用的有立铣刀、端面铣刀等。

(a) 圆柱形铣刀

(b) 端面铣刀

(c) 立铣刀

(d) 三面刃铣刀

(e) 角度铣刀

(f) 锯片铣刀

图 1－20　铣刀

1. 平面加工铣刀

铣平面显然离不开平面加工铣刀。端面铣刀、圆柱铣刀和立铣刀是常用的平面加工铣刀。

1) 端面铣刀

一般采用镶齿式结构，刀齿采用硬质合金钢制成，生产效率高，加工表面质量也高，用于立式铣床上粗、精铣各种大平面。

2) 圆柱铣刀

圆柱铣刀通常采用整体式结构，主要由高速钢制成。圆柱铣刀一般采用螺旋形刀齿以提高切削工作的平稳性，用于卧式铣床上粗铣及半精铣平面。

3) 立铣刀

立铣刀用于立式铣床上铣削阶台平面和侧面。立铣刀除了用于铣削平面外，还可用于铣削沟槽、螺旋槽及工件上各种形状的孔，铣削各种盘形凸轮与圆柱凸轮，以及通过靠模铣削内、外曲面。

2. 沟槽加工铣刀

沟槽有通槽和不通槽之分，较宽的通槽可用三面刃铣刀加工，窄的通槽可用锯片铣刀或小尺寸立铣刀加工；不通槽则宜用立铣刀加工。

数控铣刀一般由刀片、定位元件、夹紧元件和刀体组成。由于刀片在刀体上有多种定位与夹紧方式，刀片定位元件的结构又有不同类型，因此铣刀的结构形式有多种，分类方法也较多，常用的有整体式、整体焊齿式、镶齿式、可转位式。

二、 常用夹具

1. 装夹工件设备

夹具有万能组合夹具、专用铣削夹具、多工位夹具和通用铣削夹具等类型。普通数控铣床常采用平口虎钳、分度头、三爪卡盘等，普通经济型数控铣床一般加工零件时都采用平口虎钳。常见虎钳如图 1－21 所示。

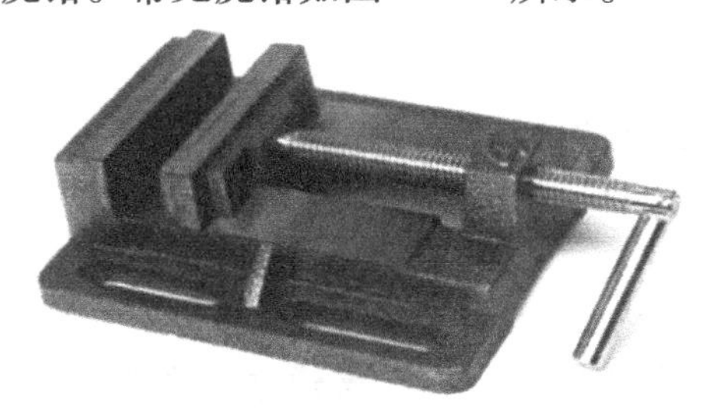

(a) 平口虎钳

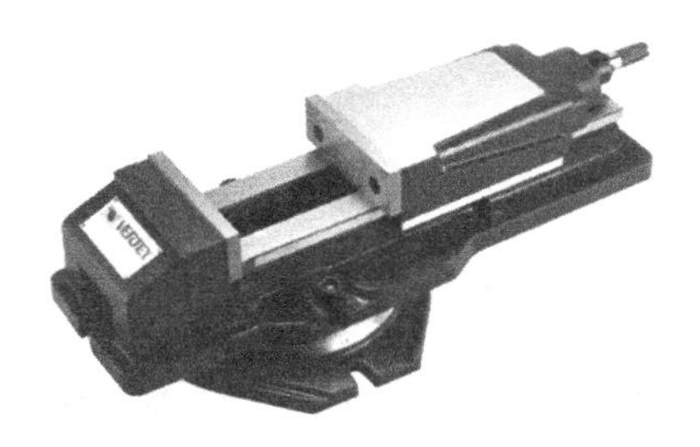

(b) 液压虎钳

图 1－21 常见虎钳

2. 铣刀的安装

铣刀安装方法正确与否决定了铣刀的运转平稳性和刀具的寿命，影响铣削的质量。

1) 带孔铣刀的装卸

铣刀杆及其安装圆柱形铣刀和三面刃等带孔铣刀的安装要通过倒杆。铣刀杆是装夹铣刀的过度工具，铣刀不同，刀杆形状也有所差异。如图 1－22 所示，刀杆左端是带锥度锥柄，用来与铣床主轴内锥孔相配，锥体尾端有内螺纹，通过拉紧螺杆将铣刀杆拉紧在主轴锥孔内。铣刀中部是用来安装铣刀与垫圈的光轴，铣刀杆右端是螺纹和轴颈。铣刀杆长度在安装铣刀后不影响正常铣削的前提下尽量选择短一些，以增强铣刀的刚度。

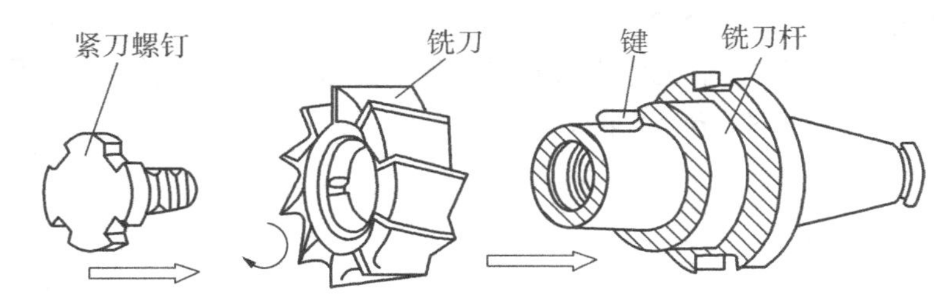

图 1－22 铣刀杆

2) 带柄铣刀的装卸

带柄铣刀有直柄和锥柄两种。直柄铣刀的安装一般通过钻夹头或弹簧夹头安装在铣床主轴锥孔内。直柄铣刀的柄部装入钻夹头或弹簧夹头内，钻夹头或弹簧夹头的柄部安装在主轴锥孔内。直柄铣刀的安装如图 1－23 所示。

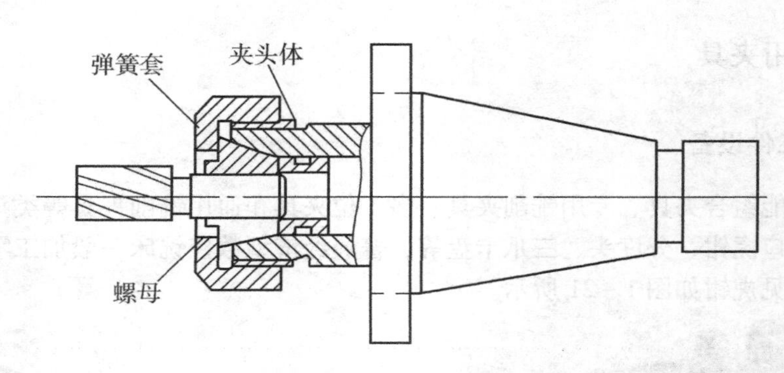

图 1－23　直柄铣刀的安装

三、 数控铣床坐标系

在数控铣床中，为确定铣床各运动轴的方向和相互的距离，需建立一个空间坐标系。在铣床上设置一个固定点，将该点作为数控铣床进行加工运动的基准点（简称机床原点），以该点为零点建立的坐标系是机械坐标系（此原点由机床厂家设置）。该坐标系的建立必须依据一定的原则。

1. 铣床坐标系的确定原则

（1）采用假定工件是静止的，刀具相对工件运动原则。规定不论刀具运动还是工件运动，均以刀具的运动为准。工件看成静止不动，这可按零件轮廓外确定刀具的加工运动轨迹。

（2）采用右手笛卡尔直角坐标系原则。

具体规定：伸出右手，拇指、食指、中指垂直放置，大拇指所指的方向为 X 轴正方向，食指所指的方向为 Y 轴正方向，中指所指的方向为 Z 轴正方向；各坐标轴与机床的主要导轨相平行。一般先确定 Z 轴，然后再确定 X、Y 轴。Z 轴由传递切削动力的主轴所规定，X 轴处于水平方向，确定 X 轴后根据右手法则确定 Y 轴。在立式铣床中，人站在机床工作台前，面向立柱右手方向为正 X 轴方向，他的正前方为正 Y 轴方向。围绕 X、Y、Z 轴坐标旋转的坐标分别用 A、B、C 表示。

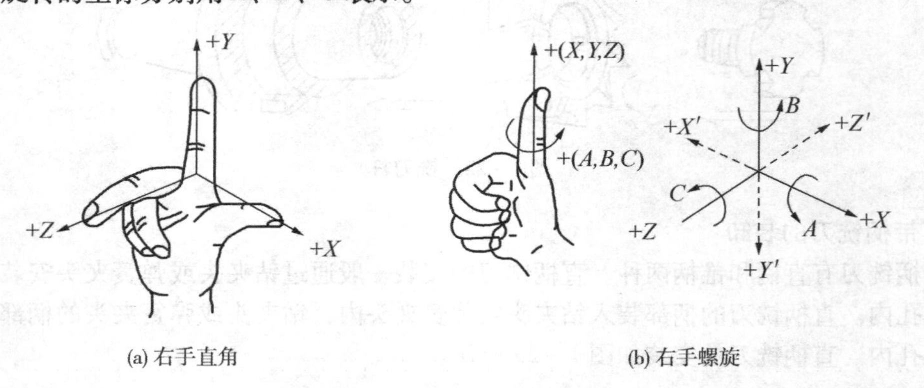

(a) 右手直角　　(b) 右手螺旋

图 1－24　右手笛卡尔坐标系

2. 铣床原点、铣床参考点

(1)铣床原点，即机床坐标系的原点，又称为机床零点，是数控机床上设置的一个固定点。它在铣床制造调试时已经设置好，一般情况下用户不能更改。

数控铣床的机床原点又是数控铣床进行加工运动的基准参考点，在一般数控立式铣床中，原点为运动部件在 X、Y、Z 坐标轴反方向运动的极限位置的交点，如图 1－25 所示。

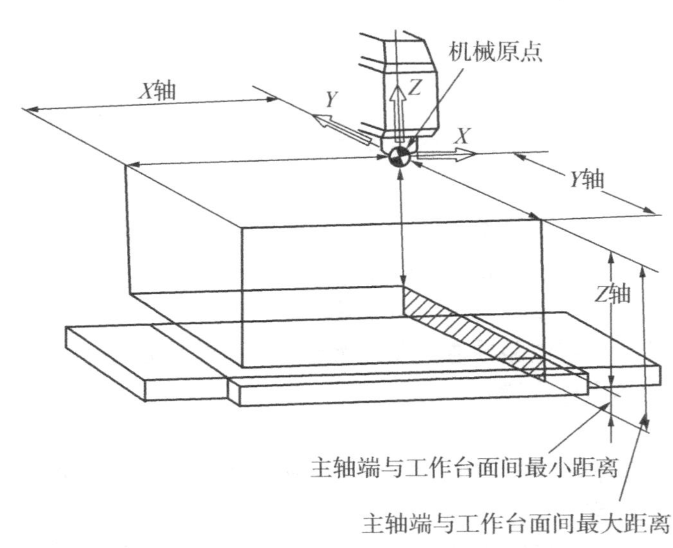

图 1－25　机床原点

(2)机床参考点，也是机床的一个固定点，但不同于机床原点。机床参考点对机床原点的坐标系是已知值，即可根据机床参考点在机床坐标系中的坐标值间接确定机床原点的位置。它可以通过机床系统参数来重新设置。在铣床中，机床原点一般与机床参考点重合。

3. 工件坐标系、程序零点

工件坐标系即编程人员在编程时设定的坐标系，也称为编程坐标系。在所设定的工件坐标系中编制程序并执行工件的加工，可通过改变工件坐标系原点的设定值，改变工件坐标系在铣床上的位置。编程工艺人员根据编程计算方便性、机床调整方便性、对刀方便性、在毛坯上位置确定的方便性等具体情况定义在工件上的几何基准点，一般为零件图上最重要的设计基准点。华中 HNC－21M 数控系统中使用 G50 指令来定义程序零点在工件坐标系中的坐标位置。G50 一旦定义，程序零点与工件坐标系间关系即被确定，通电工作期间一直有效，直至被新的 G50 设置取代。

四、 对刀操作

在加工程序执行前，调整每把刀的刀位点，使其尽量重合某一理想基准点，这一过程称为对刀。对刀的目的是通过刀具或对刀工具确定工件坐标系与机床坐标系之间的空间位置关系，并将对刀数据输入到相应的存储位置。它是数控加工中最重要的工作内容，其准

确性将直接影响零件的加工精度。对刀操作分为 X 、Y 向对刀和 Z 向对刀。

1. 对刀方法

根据现有条件和加工精度要求选择对刀方法，可采用试切法、寻边器对刀、机内对刀仪对刀、自动对刀等。其中试切法对刀精度较低，加工中常用寻边器对刀和 Z 向设定器对刀，效率高，能保证对刀精度。

2. 对刀工具

1）寻边器

寻边器主要用于确定工件坐标系原点在机床坐标系中的 X、Y 值，也可以测量工件的简单尺寸。

寻边器有偏心式和光电式等类型，如图 1－26 所示。其中以偏心式较为常用。偏心式寻边器的测头一般为 10 mm 和 4 mm 两种圆柱体，用弹簧拉紧在偏心式寻边器的测杆上。光电式寻边器的测头一般是直径为 10 mm 的钢球，用弹簧拉紧在光电式寻边器的测杆上，碰到工件时可以退让，并将电路导通，发出光讯号。通过光电式寻边器的指示和机床坐标位置可得到被测表面的坐标位置。

2）Z 轴设定器

Z 轴设定器主要用于确定工件坐标系原点在机床坐标系的 Z 轴坐标，或者说是确定刀具在机床坐标系中的高度。

Z 轴设定器有光电式和指针式等类型。通过光电指示或指针判断刀具与对刀器是否接触，对刀精度一般可达 0.005 mm。Z 轴设定器带有磁性表座，可以牢固地附着在工件或夹具上，其高度一般为 50 mm 或 100 mm。

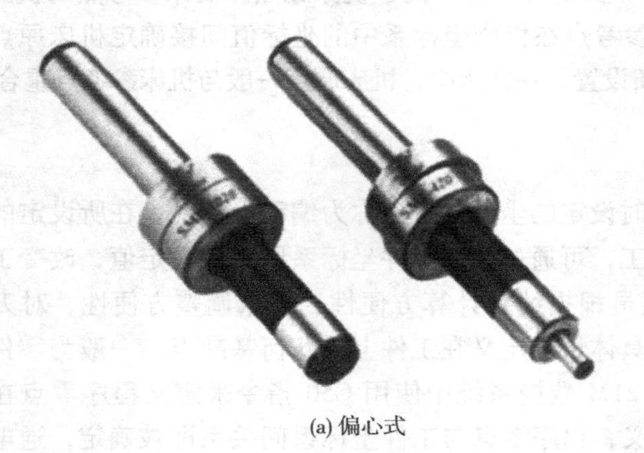

(a) 偏心式

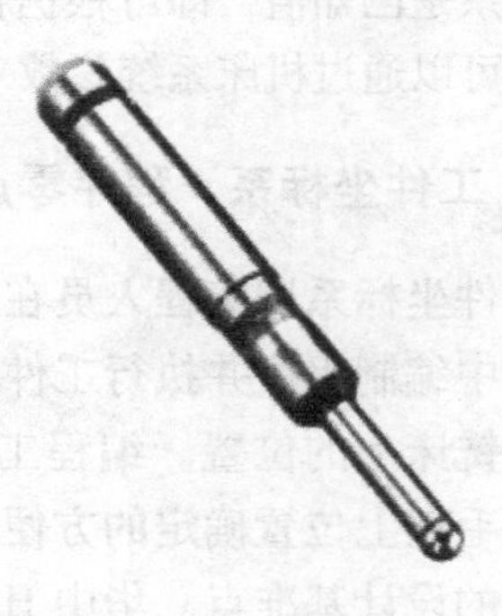

(b) 光电式

图 1－26　寻边器

3）对刀实例

以精加工过平面的毛坯为例，如图 1－27 所示，采用寻边器对刀，其详细步骤如下：

（1）X，Y 向对刀：

①将工件通过夹具装在机床工作台上，装夹时，工件的四个侧面都应留出寻边器的测量位置。

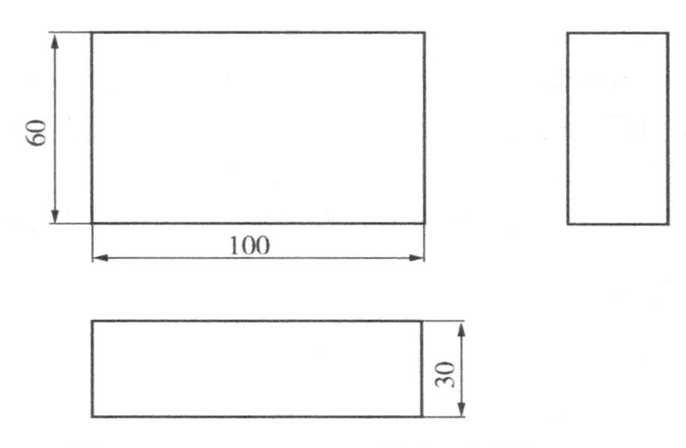

图 1－27　100×60×30 的毛坯(单位：mm)

②快速移动工作台和主轴，让寻边器测头靠近工件的左侧；

③改用手轮操作，让测头慢慢接触到工件左侧，直到目测寻边器的下部测头与上固定端重合，将机床坐标设置为相对坐标值显示，按 MDI 面板上的按键 +X ，然后按下 INPUT 键，此时当前位置 X 坐标值为 0；

④抬起寻边器至工件上表面之上，快速移动工作台和主轴，让测头靠近工件右侧；

⑤改用手轮操作，让测头慢慢接触到工件右侧，直到目测寻边器的下部测头与上固定端重合，记下此时机械坐标系中的 X 坐标值，若测头直径为 10 mm，则坐标显示为 110.000；

⑥提起寻边器，然后将刀具移动到工件的 X 轴中心位置，中心位置的坐标值 110.000/2＝55，然后按下 +X 键，按 INPUT 键，将坐标设置为 0，查看并记下此时机械坐标系中的 X 坐标值。此值为工件坐标系原点 W 在机械坐标系中的 X 坐标值。

⑦同理可测得工件坐标系原点 W 在机械坐标系中的 Y 坐标值。

(2) Z 向对刀：

①卸下寻边器，将加工所用刀具装上主轴；

②准备一支直径为 10 mm 的刀柄(用以辅助对刀操作)；

③快速移动主轴，让刀具端面与工件上表面的距离小于 10 mm，即小于辅助刀柄直径；

④改用手轮微调操作，使用辅助刀柄在工件上表面与刀具之间的地方平推，一边用手轮微调 Z 轴，直到辅助刀柄刚好可以通过工件上表面与刀具之间的空隙，此时的刀具断面到工件上表面的距离为一把辅助刀柄的距离：10 mm；

⑤在相对坐标值显示的情况下，将 Z 轴坐标清零，将刀具移开工件正上方，然后将 Z 轴坐标向下移动 10 mm，记下此时机床坐标系中的 Z 值，此时的值为工件坐标系原点 W 在机械坐标系中的 Z 坐标值。

(3) 将测得的 X、Y、Z 值输入到机床工件坐标系存储地址中(一般使用 G54－G59 代码存储对刀参数)。

4. 注意事项

(1) 根据加工要求采用正确的对刀工具，控制对刀误差；

(2)在对刀过程中，可通过改变微调进给量来提高对刀精度；

(3)对刀时需小心谨慎操作，尤其要注意移动方向，避免发生碰撞危险；

(4)对 Z 轴时，微量调节的时候一定要使 Z 轴向上移动，避免向下移动时使刀具、辅助刀柄和工件相碰撞，造成刀具损坏，甚至出现危险。

(5)对刀数据一定要存入与程序对应的存储地址，防止因调用错误而产生严重后果。

5. 刀具补偿值的输入和修改

根据刀具的实际尺寸和位置，将刀具半径补偿值和刀具长度补偿值输入到与程序对应的存储位置。需注意的是，补偿的数据正确性、符号正确性及数据所在地址正确性都将关系到加工的质量与安全。

内容四 数控铣床指令及编程

学习目标

知识目标

- 了解数控铣床的指令代码。
- 掌握数控编程 G、M、F、S、T 等常用指令的功能。
- 掌握数控编程的格式和方法。

技能目标

- 掌握数控编程的格式。
- 能运用指令进行简单的编程。

情感目标

- 以指令记忆为训练项目，培养学生记忆能力和小组合作交流能力。

想一想

1. 数控铣床的指令有哪些？
2. 数控铣床的指令能控制什么？
3. 学习数控铣床指令后可以用来做什么？
4. 程序的格式是怎样的？
5. 你对数控编程了解多少？简单举例。

知识学习

读一读

一、 编程指令的模态与非模态

模态是指相应字段的值已经设置，以后一直有效，直至某程序段又对该字段重新设置。模态的另一意义是设置之后，以后的程序段中若使用相同的功能，可以不必再输入该字段。

【例1－1】

O0001

X80 Y80 ；（快速定位至X80 Y80处）

G01 X20 Y20 F200 ；（直线插补至X20 Y20处，进给速度100 mm/min，G98为系统上电后初态为每分钟进给，即F采用的是每分钟进给）

【例1－2】

G00 X50 Y50 ；（快速定位至X50 Y50处）

X25 Y25 ；（快速定位至X25 Y25处，G0为模态指令，可以省略）

G01 X22 Y20 F100 ；（直线插补至X22 Y20处，进给速度100mm/min G0→G01）

X50 ；（直线插补至X50 Y20处，进给速度100 mm/min，G01、F100均为模态指定，可省略不输）

G00 X0 Y0 ；（快速定位至X0 Y0处）

非模态是指相应字段的值仅在书写了该代码的程序段中有效，下一程序段如果再使用该字段的值必须重新指定，具体见表1－7。

表1－7 模态与非模态

模态	模态G功能	一组可相互注销的G功能，这些功能一旦被执行，则一直有效，直到被同一组的G功能注销为止
	模态M功能	一组可相互注销的M功能，这些功能在被同一组的另一个功能注销前一直有效
非模态	非模态G功能	只在所规定的程序段中有效，程序段结束时被注销
	非模态M功能	只在书写了该代码的程序段中有效

【例1－3】

G00 X50 Y50 ；（快速定位至X50 Y50处）

G04 P10 ；（延时10秒，G04是非模态G代码，不影响程序的移动）

G01 X22 Y20 F100 ；（直线插补至X22 Y20处，进给速度100mm/min G0→G01）

二、 准备功能G代码

准备功能G代码由G后一或两位数字组成，它用来规定刀具和工件的运动轨迹、坐标设定、刀具补偿偏置等多种加工操作。G代码及功能见表1－8。

G功能根据功能的不同分为若干组，有模态和非模态两种形式。

表1－8 G代码及功能表

代码名称	组别	功能	是否模态
G00	01	快速定位	模态
G01	01	直线插补	模态
G02	01	顺时针圆弧插补	模态

续表 1 - 8

代码名称	组别	功能	是否模态
G03	01	逆时针圆弧插补	模态
G04	00	暂停	非模态
* G10	00	数据设置	模态
G11	00	数据设置取消	模态
G17	02	*XY* 平面选择	模态
G18	02	*ZX* 平面选择(缺省)	模态
G19	02	*YZ* 平面选择	模态
G20	06	英制单位	模态
G21	06	公制单位	模态
* G22	09	行程检查功能打开	模态
G23	09	行程检查功能关闭	模态
G27	00	参考点返回检查	非模态
G28	00	参考点返回	非模态
G29	00	从参考点返回	非模态
G30	00	返回第二参考点	非模态
* G40	07	刀具半径补偿取消	模态
G41	07	刀具半径左补偿	模态
G42	07	刀具半径右补偿	模态
G43	08	刀具长度正补偿	模态
G44	08	刀具长度负补偿	模态
G49	08	刀具长度补偿取消	模态
G50	00	工件坐标原点设置 最大主轴速度设置	非模态
* G54	14	第一工件坐标系设置	模态
G55	14	第二工件坐标系设置	模态
G56	14	第三工件坐标系设置	模态
G73	09	高速深孔钻孔循环	非模态
G74	09	反攻螺纹固定循环	非模态
G76	09	精镗固定循环	非模态
* G80	09	固定循环取消	模态
G81	09	切削固定循环	模态
G84	09	攻螺纹固定循环	模态
G85	09	镗削固定循环	模态
G87	09	反镗固定循环	模态
G89	09	镗削固定循环	模态

续表 1－8

代码名称	组别	功能	是否模态
G90	03	绝对坐标编程	模态
G91	03	增量坐标编程	模态
G92	00	工件坐标零点设置	模态

注：① 当机床电源打开或按重置键时，标有"＊"符号的 G 代码被激活，即为开机默认码。
② 00 组的 G 代码是非模态 G 代码。
③ 如果使用了 G 代码一览表中未列出的 G 代码，则出现报警；或指令了不具有选择功能的 G 代码，也会出现报警。
④ 在同一个程序段中可以指令几个不同组的 G 代码，如果在同一个程序段中指令了两个以上同组 G 代码则后一个 G 代码有效。

三、 辅助功能 M 代码

辅助功能 M 代码由地址字 M 和其后的一或两位数字组成，如图 1－28 所示，主要用于控制零件程序的走向以及指定主轴的旋转方向、启动、停止，冷却液的开关，工件或刀具的夹紧和松开，刀具的更换等。

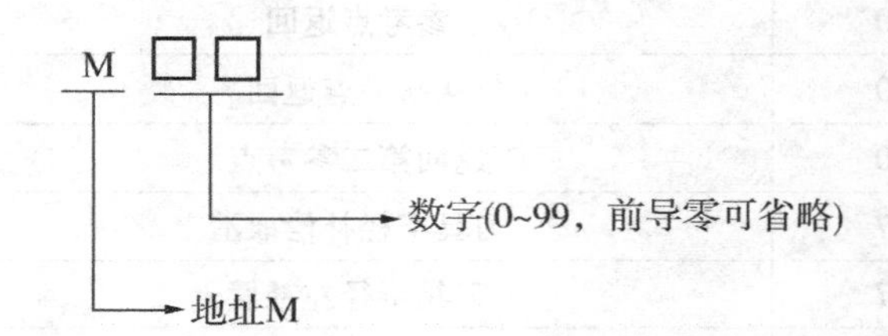

图 1－28 辅助功能 M 代码组成

一个程序段只能有一个 M 指令有效，当程序段中出现两个或两个以上的 M 指令时，系统报警。

M 指令与执行移动功能的指令共段时，执行的先后顺序如下：

(1)当 M 指令为 M00、M30、M98 和 M99 时，先移动，再执行 M 指令；

(2)当 M 指令为输出控制的 M 指令，与移动同时执行。

常见 M 代码见表 1－9。

表 1－9 M 代码及其功能

代码	功能	代码	功能
M00	程序停止		
M01	选择停止	M09	冷却液关
M02	程序结束	M21	*X* 轴镜像
M03	主动正转	M22	*Y* 轴镜像
M04	主轴反转	M23	镜像取消
M05	主轴停止	M30	程序结束
M06	换刀指令	M98	调用子程序
M07	冷却液开	M99	子程序调用返回

四、 T功能代码

数控机床加工时，为了完成零件的加工，通常装有可自动换位、自动换刀的装置。由于刀具的外形及安装位置不同，处于加工位置时，刀尖相对工件坐标系也不一定完全相同，因此需要将各刀具的位置值进行比较设定。为简化编程，需要对各刀具间长度偏差进行补偿，简称刀具长度补偿或刀具偏值补偿。在数控铣床中，因为没有自动换刀功能（ATC），必须人工换刀，故而T功能只能用在加工中心上。

刀库用于存放刀具，它是自动换刀装置中的主要部件之一。根据刀库存放刀具的数目和取刀方式，刀库可设计成不同类型。加工中心常见刀库的形式如图1－29所示。

(a)圆盘刀库

(b)链式刀库

图1－29 加工中心中的刀库

五、 主轴功能S代码

通过地址S和其后面的数字，把代码信号送给铣床，用于铣床的主轴控制。在一个程序段中可以指令一个S代码，S代码为模态指令。

当移动指令和S代码在同一程序段时，移动指令和S功能指令同时开始执行。

【例1－4】

S800 M03；（主轴正转，转速800r/min）

G0 X100 Y100；（快速移动到此坐标）

六、 数控编程的定义与规则

数控铣床的刀具和工作台按照存储器中的程序指定的方式运动。当使用数控铣床加工一个零件时，把刀具和工作台的轨迹以及其他加工条件编入一个程序，这个程序称为零件加工程序，简称零件程序。

零件程序描述刀具和工作台运动轨迹及铣床的辅助运动，所有这些都写在加工程序单上。

数控系统的编程就是把零件加工的工艺工程、工艺参数、刀具位移量、工作台位移量、铣床辅助功能等信息，用数控系统专用的编程语言代码编写程序的过程。数控系统将零件程序转化为对铣床的控制动作，实现零件的自动加工。

零件程序产生流程，如图1-30所示。

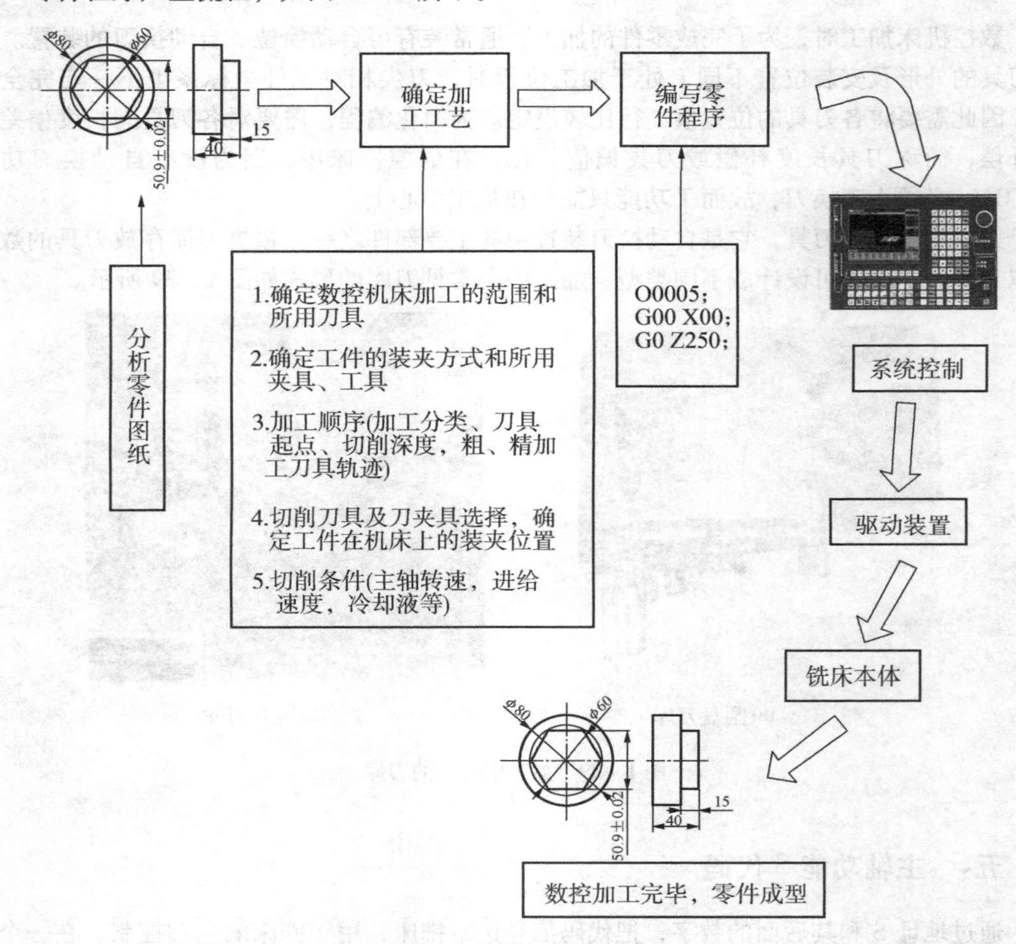

图1-30　零件程序产生流程

七、 程序组成

程序是由多个程序段构成的，而程序段又是由字构成的，各程序段用程序段结束代码，本书用“;”表示程序段结束代码。

控制数控机床完成零件加工的指令系列的集合称为程序。按着指令使刀具和工作台沿着直线、圆弧运动，或是主轴运动、停转，在程序中根据铣床的实际运动顺序书写这些指令。程序的结构如图1-31所示。

(1)程序名

在本系统中，系统的存储器里可以存储多个程序。为了把这些程序相互区别开，在程序的开头，冠以用地址O及后续四位数值构成的程序名，如图1-32所示。

(2)顺序号和程序段

程序是由多个指令构成的，把它的一个指令单位称为程序段。程序段之间用程序结束

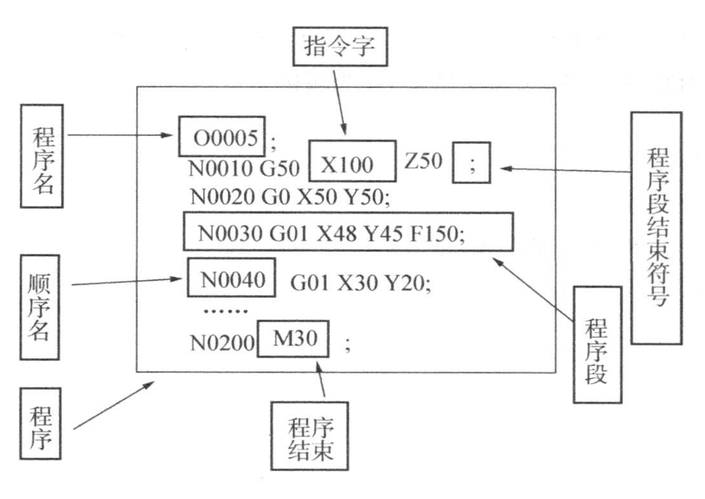

图 1－31 程序的结构

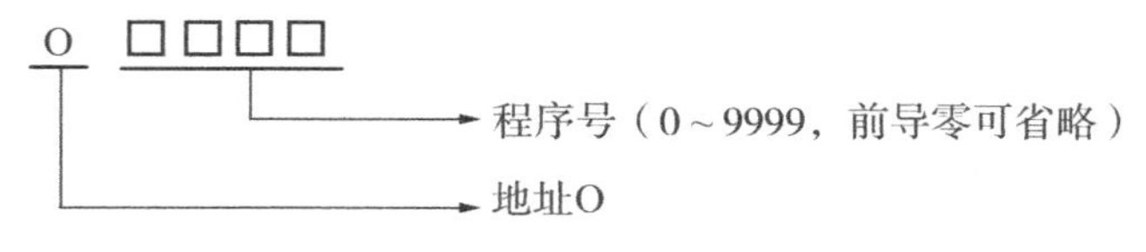

图 1－32 程序名的构成

代码隔开，通常用字符“;”表示程序段结束。

在程序段的开头可以用地址 N 和后面四位数构成的顺序号，如图 1－32 所示，前导零可省略。顺序号的顺序是任意的，其间隔也可以不等。可以全部程序段都带顺序号，也可以在重要的程序段带有。但按一般的加工顺序，顺序号要从小到大。在程序的重要地方带上顺序号是方便的。

(3)指令字

字是构成程序段的要素。字是由地址和其后面的数字构成的(有时在数字前带有＋、－符号)，如图 1－33 所示。

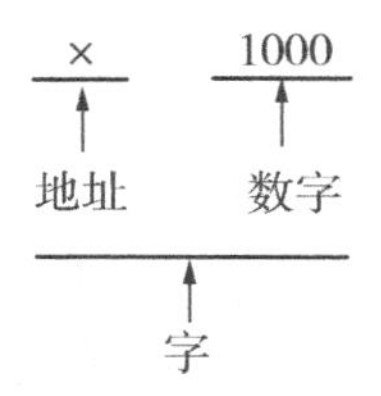

图 1－33 指令字的组成

地址是英文字母(A～Z)中的一个字母。它规定了其后数值的意义。根据不同的功能，有时一个地址也有不同的意义。

八、 程序的一般结构

一个完整的数控程序由程序号、程序的内容和程序结束三部分组成。在程序的开头要有程序号，以便进行程序检索。程序的内容是整个程序的核心，它由许多程序段组成，每

个程序段由一个或多个指令构成；它表示数控机床要完成的全部动作。程序结束是以程序结束指令 M02、M30 或 M99(子程序结束)作为程序结束的符号，用来结束零件加工。

【例 1－5】

O0001//程序号

N10 G92 X40 Y30;

N20 G90 G00 X28 T01 S800 M03;

N30 G01 X－8 Y8 F200;

N40 X0 Y0;

N50 X28 Y30;

N60 G00 X40; //程序内容

N70 M02; //程序结束

程序又分为主程序和子程序。通常 CNC 是按照主程序的指示运动的，如果主程序上遇有调用子程序的指令，则 CNC 按子程序运动，在子程序中遇到返回主程序的指令时，CNC 便返回主程序继续执行。程序的动作顺序如图 1－34 所示。

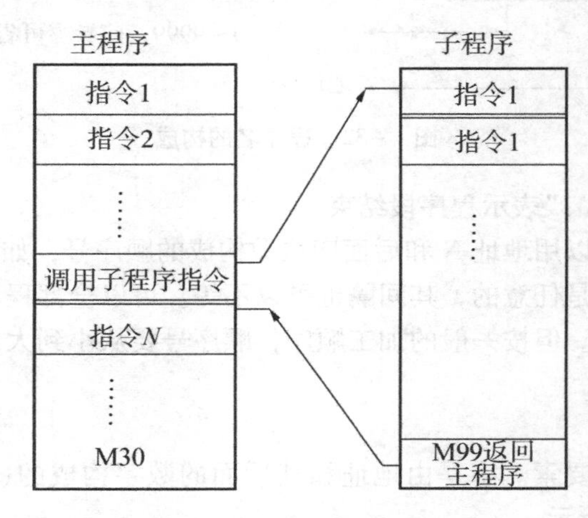

图 1－34　程序运行顺序

主程序和子程序的组成结构是一致的。

在程序中存在某一固定顺序且重复出现时，可以将其作为子程序，事先存到存储器中，而不必重复编写，以简化程序。子程序可以在自动方式下调出，一般在主程序之中用 M98 调用，并且被调用的子程序还可以调用另外的子程序。从主程序中被调出的子程序称为一重子程序，共可调用四重子程序(图 1－35)。子程序的最后一段必须是返回指令即 M99。执行 M99 指令，程序又返回到主程序中调用子程序段的下一段程序继续执行。当主程序结尾为 M99 时，程序可重复执行。

可以用一个子程序调用指令连续、重复调用同一个子程序，最多可重复调用 9999 次。

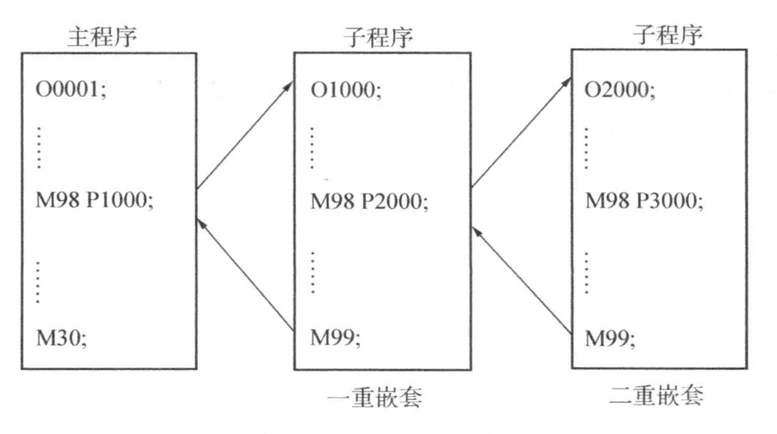

图 1－35　二重子程序嵌套

1. 子程序编写

按下面格式写一个子程序：

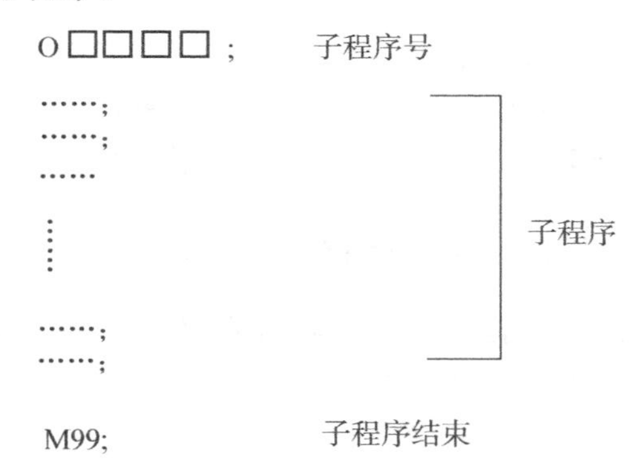

在子程序的开头，在地址 O 后写上子程序号，在子程序最后是 M99 指令（M99 编写格式如下），也可以不作为单独的一个程序段。

【例 1－6】

X……M99 ；

2. 子程序的调用

子程序由主程序或子程序调用指令调出执行。调用子程序的指令格式如下：

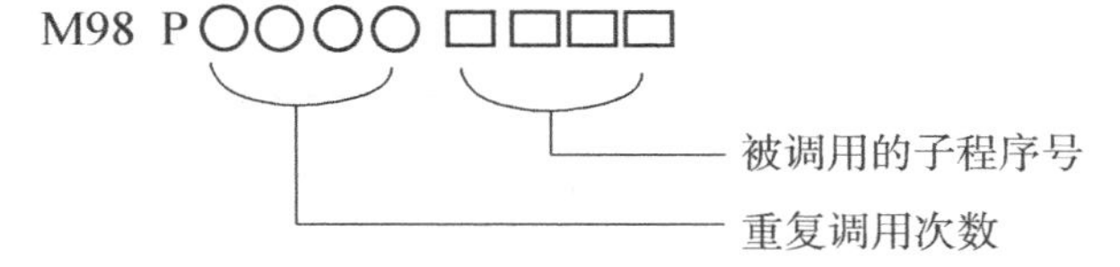

（1）如果省略了重复次数，则认为重复次数为 1 次。

【例 1－7】

M98 P05000010 ；（表示号码为 10 的子程序连续调用 5 次。）

（2）M98 P_ 也可以与移动指令同时存在于一个程序段中。

【例 1-8】

G0 X1000 M98 P1200 ；（此时，X 移动完成后，调用 1200 号子程序。）

（3）从主程序调用子程序执行的顺序如下：

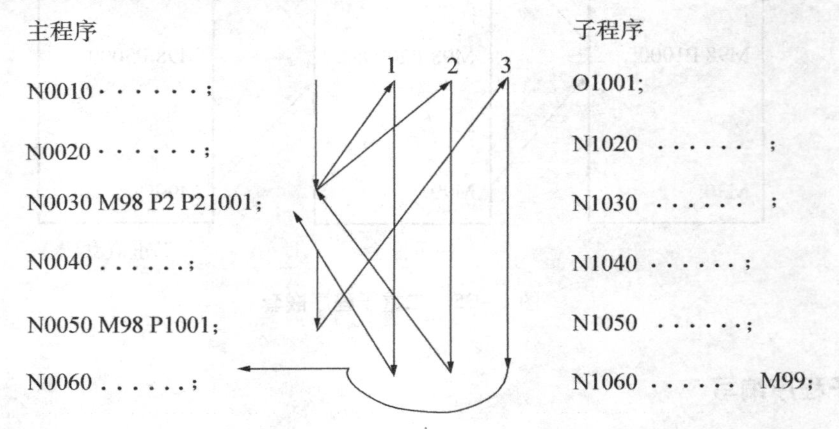

3. 程序结束

程序从程序名开始，用 M30 或 M99 结束，见图 1-34。在执行程序中，如果检测出程序结束代码：M30 或 M99，则系统结束执行程序，变成复位状态。若是 M30 指令结束时，则程序结束；若是子程序结束时，则返回到调用子程序的程序中。

九、 绝对坐标编程和相对坐标编程

作为定义轴的移动量方法，有绝对值定义和相对值定义两种方法。绝对值定义是用轴移动的终点位置的坐标进行编程，称为绝对坐标编程。相对值定义是用轴移动量直接编程的方法，称为相对坐标编程。绝对坐标编程采用地址 X、Y，相对坐标编程采用地址 U、V。

如图 1-36 中，终点 *A* 坐标为（40，80），起点 *B* 坐标为（80，40），从 *B* 移动到 *A* 的移动过程可以用绝对值指令编程或相对值指令编程，具体如下：

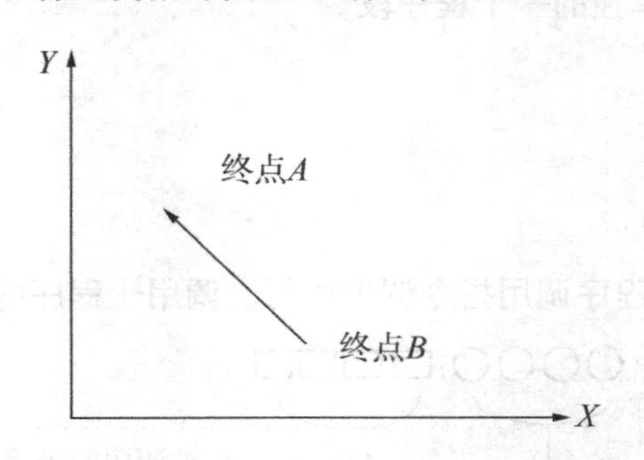

图 1-36　绝对坐标与相对坐标

G01　X40　Y80 ；（绝对坐标）

或 G01　U-40　V40；（相对坐标）

表示轴的移动方式使用绝对坐标指令 G90 或相对坐标指令 G91，如图 1-36 所示。从 *B* 移动到 *A* 的移动过程可以使用以上两种方式来编程，分别如下：

G90　X40　Y80；

G91　X－40　Y40；

【例1－9】

分别用绝对坐标指令和相对坐标指令编写图1－37程序。

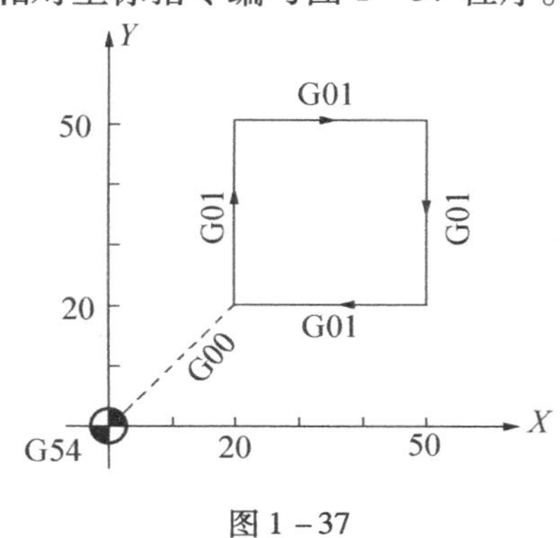

图1－37

程序如下：

(1)G90方式：

O1；

G90 G00 X20 Y20；

Y50；

X50；

Y20；

X20；

(2)G91方式：

O1；

G91 G00 X20 Y20；

Y30；

X30；

Y－30；

X－30；

(3)绝对指令方法：

X20 Y20；

X20 Y50；

X50 Y50；

X20 Y50；

X20 Y20；

(4)相对指令方法：

X20 Y20；

V30；

U30；

V－30；

U－30；

内容五 程序输入、编辑

学习目标

知识目标

- 了解程序的编辑按钮功能。
- 掌握程序的输入和编辑方法。

技能目标

- 掌握程序的输入、编辑方法。
- 掌握程序的输入、编辑、复制、选择、修改、删除等基本操作。

情感目标

- 分组训练，熟悉程序的输入步骤与要领，培养学生小组合作交流能力。

想一想

1. 系统控制面板中的哪一个区域是用于程序编辑、输入、修改的？
2. 控制面板中编辑键盘区的按键功能有哪些？
3. 如何输入、编辑、复制、修改程序？

知识学习

读一读

一、 程序的输入、 编辑

在数控系统中，可以通过键盘操作来新建、选择及删除零件程序，也可以对所选择的零件程序的内容进行插入、修改和删除等编辑操作，还可以通过接口与 PC 机的串行接口连接，将数控系统和 PC 机中的数据进行双向传输。

零件程序的编辑需要在编辑操作方式下进行，在系统控制面板下，按 [程序编辑 F2] 按键，进入编辑功能子菜单，在编辑功能子菜单下，可对零件程序进行编辑等操作。

按下 [选择编辑程序 F2] 键，会弹出一个含有三个选项的菜单：磁盘程序、正在加工的程序、新建程序。

当选择了“磁盘程序”时，会出现 Windows 打开文件窗口，用户在电脑中选择事先做好的程序文件，选中并单击窗口中的“打开”将其打开，这时显示窗口会显示该程序的内容。

当选择了“正在加工的程序”，如果当前没有选择加工程序，系统会弹出提示框，说明当前没有正在加工的程序。否则显示窗口会显示正在加工的程序的内容。如果该程序正处于加工状态，系统会弹出提示，提醒用户先停止加工再进行编辑。

1. 程序内容的建立及编辑

在编辑状态下，选择“新建程序”，这时显示窗口的最上方出现闪烁的光标，用户就可以开始建立新程序了。在进入编辑状态、程序被打开后，可以将控制面板上的按键结合电脑键盘上的数字和功能键来进行编辑操作。完成编辑之后按下 [选择编辑程序 F2] 键，在弹出的菜单中选择“新建程序”，弹出提示框，询问是否保存当前程序，点击“是”确认并关闭对话框，完成程序的保存。

2. 字的删除、插入、修改

在编辑状态下可以对程序进行修改。

① 删除：将光标定位在需要删除的字符上，按电脑键盘上的 DELETE 键删除错误的内容。

② 插入：将光标定位在需要插入的位置，输入数据。

③ 查找：按菜单键中的 [查找 F7] 键，弹出对话框，在“查找”栏内输入要查找的字符串，然后点击“查找下一个”，当找到字符串后，光标会定位在找到的字符串处。

④ 删除一行：按 [DELETE] 键，将删除光标所在的程序行。

3. 顺序号、字的检索

1）顺序号的检索

顺序号的检索通常是通过检索程序内的某一顺序号，一般用于从这个顺序号开始执行或编辑。由于检索而被跳过的程序段对 CNC 的状态无影响，被跳过的程序段中的坐标值、M、S、T、G 代码等对 CNC 的坐标值、模态值比产生影响。因此，按照顺序号检索指令，开始或再次开始执行的程序段，要设定必要的 M、S、T、G 代码及坐标系等。进行顺序号检索的程序段一般是在两道工序的相接处。如果必须检索工序中某一程序段并以其开始执行时，需要查清楚此时的机床状态、CNC 状态。必须与其对应的 M、S、T、G 代码和坐标系的设定等，可用录入方式输入进行设定。

2）字的检索

字的检索用于检索程序中特定的地址字或数字，一般用于编辑，步骤如下：

程序号检索→程序段检索→键入指令或地址→按 [▲] 或 [▼] 键来完成向前或向后的检索，若检索到，光标停留在检索位置，可以继续先向上后向下检索。

4. 光标的几种定位方法

在编辑状态下，利用控制面板上的 ▲ ▼ ► ◄ 键，可以对光标进行移动。

① 按 ▲ 键实现光标上移一行，若光标所在列大于上一行末列，光标移动到上一行末尾；

② 按 ▼ 键实现光标下移一行，若光标所在列大于上一行末列，光标移动到上一行末尾；

③ 按 ► 键实现光标右移一列，若光标在行末，光标移动到下一行行首；

④ 按 ◄ 键实现光标左移一列，若光标在行首，光标移动到下一行行末；

⑤ 按 PgUp 键向上滚屏，光标移至上一屏幕首行首列，若滚屏到程序首页，则光标定位在第二行第一列；

⑥ 按 PgDn 键向下滚屏，光标移至下一屏幕首行首列，若已是程序尾页，则光标定位到程序末行第一页。

5. 程序的删除

(1)单个程序删除

当欲删除某个程序时，步骤如下：

①进入编辑状态；

②进入程序显示页面；

③键入地址及程序名(键入 O0001，此处以 O0001 程序为例)；

④按 DELETE 键，删除对应程序，若无此程序则删除无效并报警。

(2)全部程序删除

当欲删除存储器中的全部程序时，步骤如下：

① 进入编辑状态；

② 进入程序显示页面；

③ 键入地址 O；

④ 依次键入符号键 9999；

⑤ 按 DELETE 键，删除存储器中全部程序。

二、 程序的选择

当存储器存入多个程序时，可通过检索的方法调出需要的程序。

1. 从程序目录选择(必须处于非加工状态)

①选择编辑或自动操作方式；

②按下 程序编辑 键，进入编辑功能子菜单；

③按下 选择编辑程序 F2 键，按上移、下移键将光标移动到待选择文件名；

④确定进入对应程序。

2. 扫描法

①选择编辑或自动操作方式；
②进入程序显示画面；
③按地址键 O；
④按 ↓ 键；
⑤重复步骤③④，可逐个显示存入的程序。

3. 检索方法

①选择编辑或自动操作方式；
②按 程序编辑 F2 键，进入编辑功能子菜单；
③按地址键 O；
④键入要检索的程序名；
⑤按 ↓ 键；
⑥检索解锁时显示检索出的程序并在画面的右上部分显示已检索的程序名。

三、 程序的改名

将当前程序名更改为其他的名字：
①选择编辑方式或自动操作方式，进入程序画面；
②键入地址 O；
③键入行程序名；
④按 ALTER 键。

项目二

平面铣削加工

项目引入

某公司急需一小批教学模具模芯块(零件尺寸如 C1 图纸所示)，数量为 50 件。现将订单委托我校数控车间协助解决，该零件要使用数控铣床加工。已知毛坯材料为硬铝，毛坯尺寸为 65 mm × 65 mm × 20 mm，生产类型为单件小批量。本次课程的主要任务是模芯块平面的加工，同学们分成若干小组并选出小组长，每组 4 ～ 5 人，在专业老师的指导下，利用车间现有的条件，以小组工作的形式完成任务。

项目任务及要求

按图纸 C1 的要求加工模芯块。

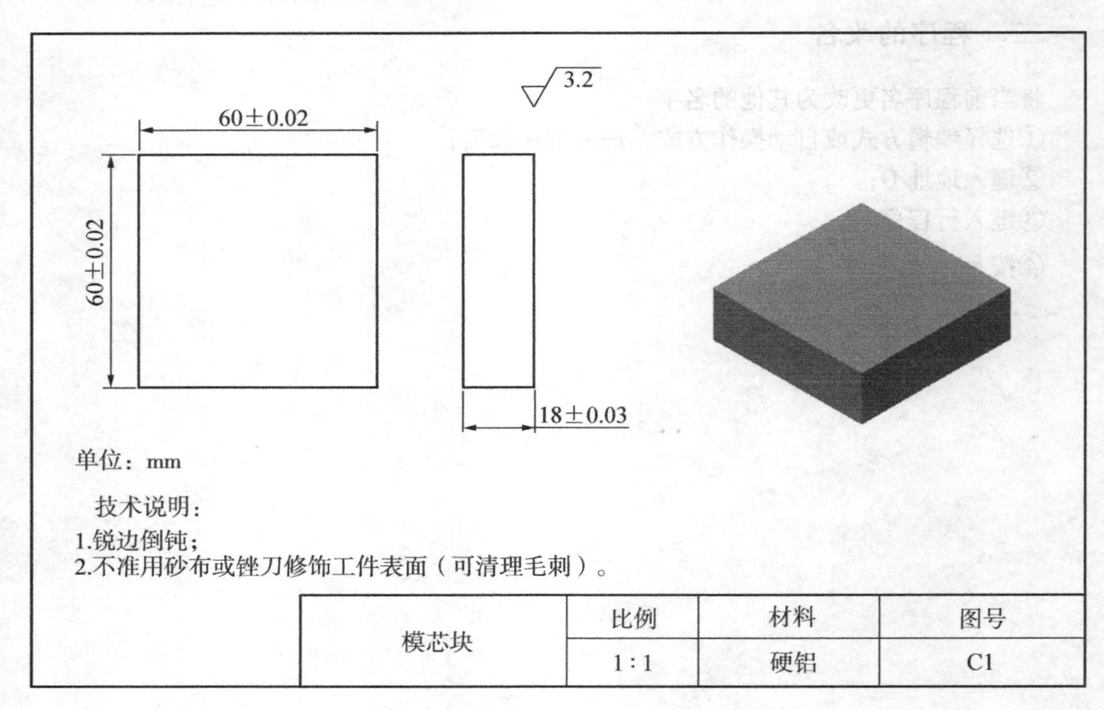

学习目标

知识目标

- 了解平面铣削的特点。
- 读懂模芯块零件图，理解相关加工工艺。
- 掌握 G00、G01 指令的格式。
- 掌握 G00、G01 指令的运用。

技能目标

- 掌握数控铣床平面铣削的加工方法、加工工艺。
- 掌握模芯块的编程方法、表面粗糙度的检测方法。

情感目标

- 培养学生沟通能力、小组合作精神及安全文明生产职业素养。

项目实施过程

想一想

1. 模芯块有什么特点？
2. 要完成这项目需要哪些刀具、量具？
3. 加工 C1 零件能用什么加工方法？
4. 数控铣床的对刀操作方法是什么？
5. 加工本项目要用到什么编程指令？如何编写加工程序？

做一做

根据图纸 C1 的要求加工阶模芯块。

1. 根据图纸 C1 分析(见表 2－1)

表 2－1 项目二图纸 C1 分析

分析项目	分析内容
标题栏信息	零件名称：模芯块 零件材料：硬铝 毛坯规格：65mm × 65mm × 20 mm
零件形体	零件的主要结构：模芯块上下两个平面都需要加工，精度要求较高，表面粗糙度要达到 $Ra3.2\ \mu m$

续表 2-1

分析项目	分析内容
零件的公差	零件公差要求是：模芯块厚度 18 mm，尺寸公差为 0.06 mm
表面粗糙度	零件加工表面粗糙度是：$Ra3.2\mu m$
其他技术要求	零件其他技术要求：锐边倒钝、不准用砂布或锉刀修饰工件表面(可清理毛刺)

2. 刀具选用及参数(见表 2-2)

表 2-2　刀具选用及参数表

刀具号	刀具类型	刀具型号	主轴转速 r/min	进给速度 mm/min
T01	平面铣刀(粗)	D16	800	800
T02	平面铣刀(精)	D16	1200	300

3. 量具选用

(1)游标卡尺(详见附录)。
(2)外径千分尺(详见附录)。

4. 加工 65 mm×65 mm 表面的思路(仅供参考，可按照实际讨论修改)

选用 D16 的平底立铣刀，粗加工切深为 1 mm，精加工切深为 0.2 mm，往复走刀路径(见图 2-1)。

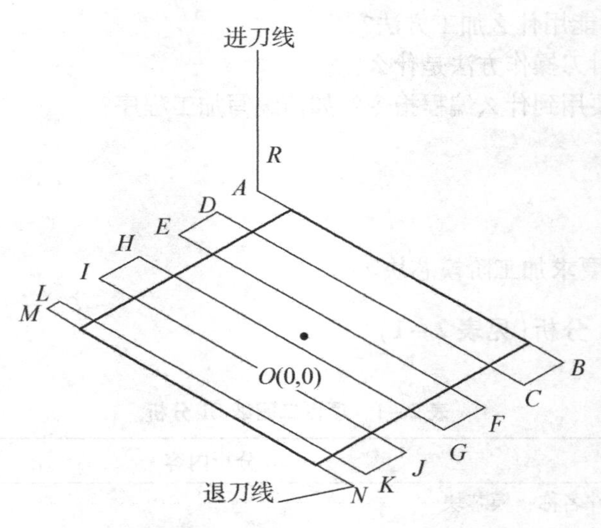

图 2-1　加工刀具路线

截面方向超出量：刀具直径的 50%～100%。
行距：刀具直径的 50%～80%。

来回走刀次数计算公式：

次数 =（总宽/行距 +1）

=（65/12 +1）

=6.4（取整 7 次）

加工点坐标：

R（−41，32，10）；*A*（−41，32）；*B*（41，32）；*C*（41，20）；*D*（−41，20）；*E*（−41，8）；*F*（41，8）；*G*（41，−4）；*H*（−41，−4）；*I*（−41，−16）；*J*（41，−16）；*K*（41，−28）；*L*（−41，−28）；*M*（−41，−32）；*N*（41，−32）。

5. 填写工序卡（仅供参考，可按照实际讨论修改）

在接受模芯加工任务时，应先分析图纸尺寸精度、特征及要求，选择恰当的材料和刀具、量具后，再制定加工工艺卡，见表 2−3。

表 2−3 项目二模芯块平面铣削加工工序卡

项目二工序卡 模芯块加工	零件图号	零件名称	材料	日期
	C1	模芯块	硬铝	

车　　间	使用设备	设备使用情况	程序编号	操作者
数控铣床实训中心	数控铣床（FANUC）	正常	（自定）	

工步号	工　步　内　容	刀具号	刀具规格	主轴转速 r/min	进给速度 mm/min	切削深度 mm
1	装夹零件毛坯，对刀	T01	D16 平面铣刀	800	手动	
2	精加工模芯块正上平面	T02	D16 平面铣刀	1200	300	0.2
3	装夹零件毛坯，对刀	T01	D16 平面铣刀	800	手动	
4	粗加工模芯块底部平面，留 0.2mm 余量	T01	D16 平面铣刀	800	800	1
5	精加工模芯块底部平面，控制好尺寸	T02	D16 平面铣刀	1200	300	0.2

编　制		审　核		批　准		共　　页	第　　页

说明：合理选择该零件工件坐标原点，确定走刀路线，根据该零件的加工要求编制程序清单，并完成相应卡片的填写。

6. 编写本项目的加工程序（仅供参考）

运用 G00 及 G01 指令编写本项目模芯块零件图的数控铣削加工程序，见表 2−4。

表 2-4　项目二模芯块零件加工程序

数控加工程序清单			零件图号	零件名称
姓名	班级	成绩	C1	模芯块
序号	程　序		说　明	
	O0001；		程序号	
N0010	G90 G17 G54 G00 X－41 Y32；		坐标系设定；绝对坐标编程，选择 *XY* 平面	
N0020	M03 S800/1200；		主轴正转，根据粗、精加工选择主轴转速	
N0030	Z50；		安全高度	
N0040	Z10；		快速到下刀深度(*R* 点)	
N0050	G01 Z0 F800/300；		根据粗、精加工选择进给速度，到加工深度(*A* 点)	
N0060	X41；		*A*→*B*	
N0070	Y20；		*B*→*C*	
N0080	X－41；		*C*→*D*	
N0090	Y8；		*D*→*E*	
N0100	X41；		*E*→*F*	
N0120	Y－4；		*F*→*G*	
N0130	X－41；		*G*→*H*	
N0140	Y－16；		*H*→*I*	
N0150	X41；		*I*→*J*	
N0160	Y－28；		*J*→*K*	
N0170	X－41；		*K*→*L*	
N0180	Y－32；		*L*→*M*	
N0190	X41；		*M*→*N*	
N0200	G0 Z50；		回安全位置	
N0210	M05；		主轴停	
N0220	M30；		程序结束，状态复位	

项目检查与评价

实训报告表

<table>
<tr><td>项目名称</td><td colspan="5"></td><td>实训课时</td><td></td></tr>
<tr><td>姓名</td><td></td><td>班级</td><td></td><td>学号</td><td></td><td>日期</td><td></td></tr>
<tr><td>学习过程</td><td colspan="7">(1)操作过程中是否遵守安全文明操作?

(2)在加工的时候，遇到的难题是什么？你觉得要注意什么?

(3)简要写下完成本项目的加工过程?</td></tr>
<tr><td>心得体会</td><td colspan="7">(1)通过本项目，你学到了什么?

(2)工件做出来的效果如何？有哪些不足，需要改进的地方在哪里？获得了什么经验?</td></tr>
</table>

检查评价表

序号	检测的项目	分值	自我测评		小组长测评		教师测评	
			结果	得分	结果	得分	结果	得分
1	正平面表面粗糙度 *Ra*3.2 μm	20						
2	底部平面表面粗糙度 *Ra*3.2 μm	20						
3	模芯块厚度 18 ±0.03 mm	40						
4	机床保养，工刃量具摆放	10						
5	安全操作情况	10						
合计		100						
本项目总成绩（=自评 30% +小组长评 30% +教师评 40%）								

指令知识加油站

学一学

1. 快速定位指令 G00

G00 指令是在工件坐标系中以快速移动刀具到达指令指定的位置。

指令格式：G00　X____　Y____　Z____

说明：(1)X、Y、Z：刀具目标点的坐标；

(2)当使用增量方式时，X____Y____Z____为目标点相对于起始点的增量坐标。

注意：(1)一般用于加工前的快速定位或加工后的快速退刀；

(2)G00 指令不能在地址 F 中规定，应由面板上的快速修调按钮修正；

(3)执行 G00 指令时，刀具轨迹不一定是直线；

(4)G00 为模态功能。

【例 2-1】如图 2-2 所示，要求刀尖从 *A* 点移动到 *B* 点，再从 *B* 点移动到 *C* 点。

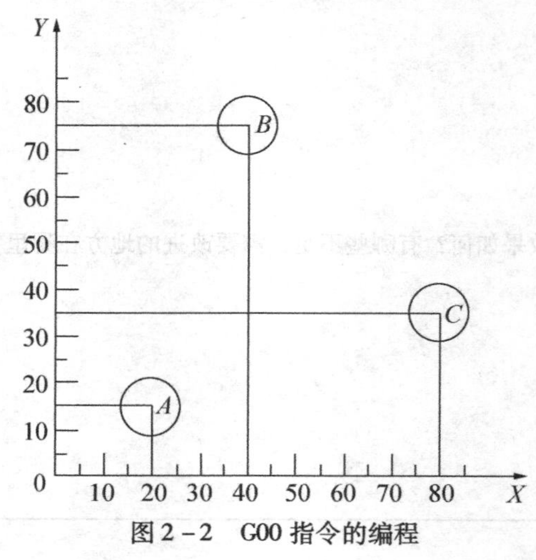

图 2-2　G00 指令的编程

(1)绝对坐标方式程序：

```
G00 G90 X20.0 Y15.0;
        X40.0 Y75.0;
        X80.0 Y35.0;
```

(2)相对坐标方式程序：

```
G00 G91 X20.0 Y15.0;
        X20.0 Y60.0;
        X40.0 Y -40.0;
```

2. 直线插补指令 G01

G01 指令使刀具以一定的进给速度，从所在点出发，直线移动到目标点。

指令格式：G01　X ____　Y ____　Z ____　F ____

说明：(1)X、Y、Z：刀具目标点的坐标；

(2)当使用增量方式时，X ____ Y ____ Z ____为目标点相对于起始点的增量坐标。

(3)F 是进给速度，在程度中一直有效直到指定新值；有两种表示方法：每分钟进给量(mm/min)和每转进给量(mm/r)。通过 G98 指令选择每分钟进给量，通过 G99 指令选择每转进给量，系统默认为每分钟进给量。

注意：(1)G01 指令是直线运动指令，受进给速度的控制。

(2)G01 指令是模态指令，F 指令也是模态指令。

【例 2-2】如图 2-3 所示，要求刀尖从 A 点加工到 B 点。

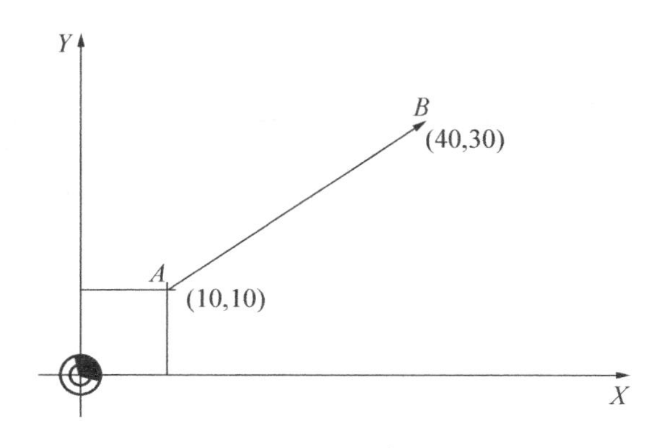

图 2-3　G01 指令的编程

(1)绝对坐标方式程序：

```
G01 G90 X40 Y30 F300;
```

(2)相对坐标方式程序：

```
G00 G91 X30 Y20 F300;
```

拓展项目

练一练

1. 按本次课程图纸 C1 要求，使用 D20 平底刀具编写正上表面加工的程序。
2. 按如下某企业生产的零件图所示，编写上表面的加工程序。

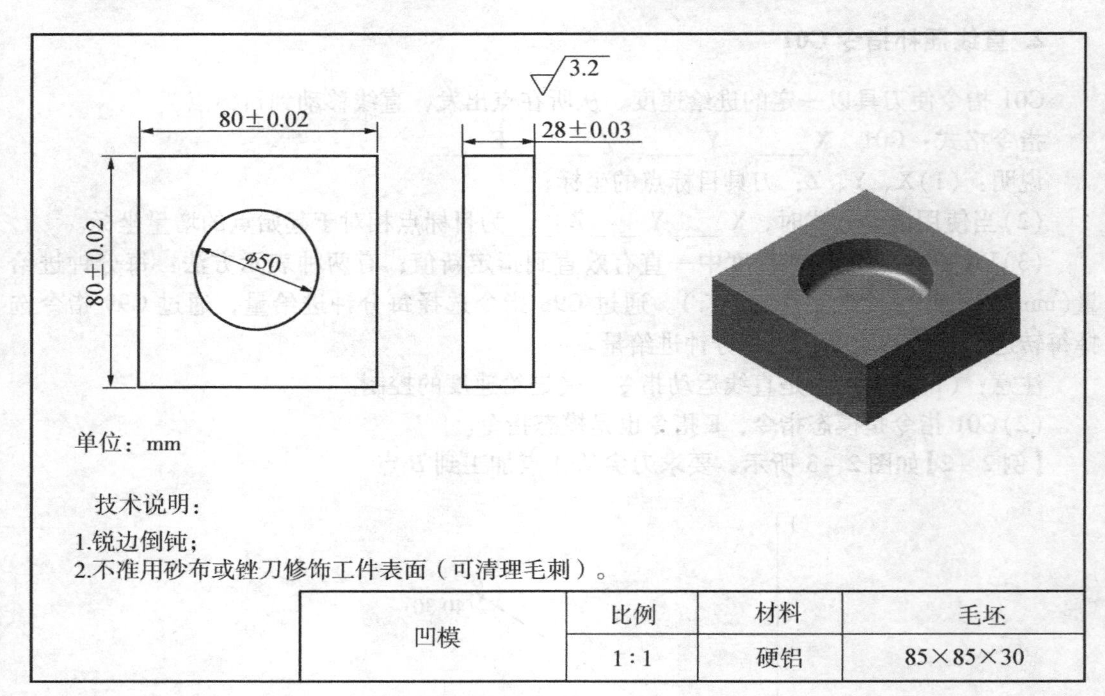

凹模	比例	材料	毛坯
	1 : 1	硬铝	85×85×30

项目三

外形铣削加工

项目引入

现在我校与某公司合作加工一批教学模具模芯块(零件尺寸如C1图纸所示)，数量为50件。项目二我们已学习了模芯块的平面加工，接下来学习模芯块四周轮廓的加工以及模芯块外形轮廓的加工。同学们分成若干小组并选出小组长，每组4～5人，在专业老师的指导下，利用车间现有的条件，以小组工作的形式完成任务。

项目任务及要求

按图纸C1的要求加工模芯块。

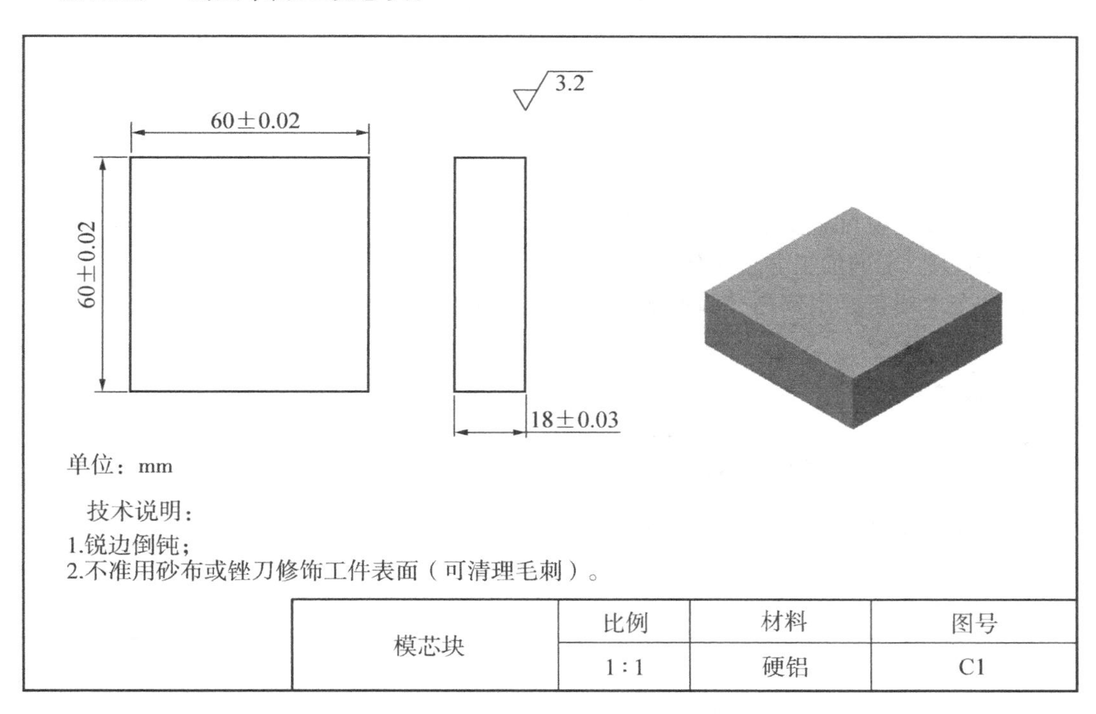

模芯块	比例	材料	图号
	1∶1	硬铝	C1

学习目标

知识目标

- 了解外形铣削的特点。
- 读懂模芯块零件图，准备相关加工工艺。
- 掌握 G01、G40、G41、G42 指令的格式。
- 掌握子程序调用的运用。

技能目标

- 掌握数控铣床外形铣削的加工方法、加工工艺。
- 掌握模芯块的编程方法、外形尺寸的测量方法。

情感目标

- 培养学生沟通能力、小组合作精神及安全文明生产职业素养。

项目实施过程

想一想

1. 模芯块外形有什么特点？
2. 要完成这项目需要哪些刀具、量具？
3. 零件图 C1 的加工方法是什么？
4. 加工本项目要用到什么编程指令？如何编写加工程序？

做一做

根据图纸 C1 的要求加工阶模芯块。

1. 根据图纸 C1 分析(见表 3－1)

表 3－1　项目三图纸 C1 分析

分析项目	分析内容
标题栏信息	零件名称：模芯块 零件材料：硬铝 毛坯规格：65 mm × 65 mm × 20 mm
零件形体	零件主要结构：模芯块上下平面已加工，模芯块外形需要按要求加到 60 mm × 60 mm的尺寸，精度要求较高，表面粗糙度要达到 *Ra*3. 2 μm

续表 3－1

分析项目	分析内容
零件的公差	零件公差要求是：外形 60 mm × 60 mm，尺寸公差为 ±0.02 mm
表面粗糙度	零件加工表面粗糙度是：Ra3.2 μm
其他技术要求	零件其他技术要求是：锐边倒钝，不准用砂布或锉刀修饰工件表面（可清理毛刺）

2. 刀具选用及参数（见表 3－2）

表 3－2 刀具选用及参数表

刀具号	刀具类型	刀具型号	主轴转速 r/min	进给速度 mm/min	刀具半径补偿号和数值 mm
T01	平面铣刀（粗）	D16	800	800	D01(8.15)
T02	平面铣刀（精）	D16	1200	300	D02(8)

3. 量具选用

（1）游标卡尺（详见附录）。

（2）外径千分尺（详见附录）。

4. 加工（模芯块 60 mm × 60 mm）思路

选用 D16 的平底立铣刀，粗加工切深为 1 mm，精加工切深为 5 mm，粗加工 XY 方向留 0.3 mm余量。

加工进刀点一般离开毛坯 5 mm（退刀点相同）

进刀点 R ＝毛坯一半＋刀具半径＋离开距离

＝32.5＋8＋8

＝48.5

＝49（四舍五入取整数）

以上思路仅供参考，可按照实际讨论修改。

加工刀具路线如图 3－1 所示。

加工点坐标：

R(－38，－49)；A(－30，－30)；B(－30，30)；C(30，30)；D(30，－30)；E(－49，－30)。

5. 填写工序卡（供参考，可按照实际讨论修改）

在接受模芯加工任务时，应先分析图纸尺寸精度、特征及要求，选择恰当的材料和刀具、量具后，再填写加工工序卡，见表 3－3。

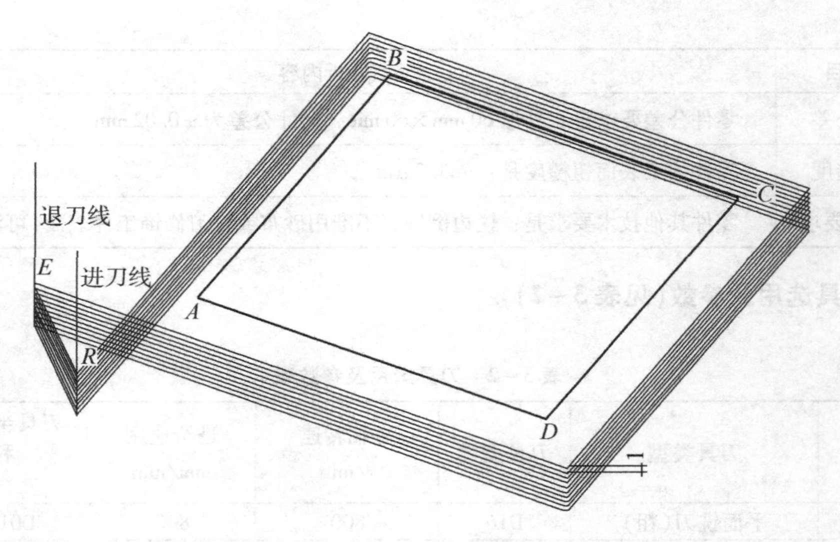

图 3－1　加工刀具路线

表 3－3　项目三模芯块外形铣削加工工序卡

项目三工序卡 模芯块加工			零件图号	零件名称	材料	日期
			C1	模芯块	硬铝	
车　间	使用设备		设备使用情况	程序编号		操作者
数控铣床实训中心	数控铣床(FANUC)		正常	(自定)		

工步号	工　步　内　容	刀具号	刀具规格	主轴转速 r/min	进给速度 mm/min	切削深度 mm
1	装夹零件毛坯，对刀	T01	D16 平面铣刀	800	手动	
2	粗加工模芯块外形，留 0.3 mm 余量	T01	D16 平面铣刀	800	800	1
3	精加工模芯块外形，控制好尺寸	T02	D16 平面铣刀	1200	300	5
4	调头装夹零件毛坯，使用分中棒对刀	T01	D16 平面铣刀	800	手动	
5	粗加工模芯块外形，留 0.3mm 余量	T01	D16 平面铣刀	800	800	1
6	精加工模芯块外形，控制好尺寸	T02	D16 平面铣刀	1200	300	5
编　制		审　核	批　准		共　　页	第　　页

说明：合理选择该零件工件坐标原点，确定走刀路线，根据该零件的加工要求编制程序清单，并完成相应卡片的填写。

6. 编写本项目的加工程序(供参考)

运用 G00 及 G01 指令编写本项目零件图的数控铣削加工程序，见表 3－4。

表 3－4　项目三模芯块零件加工主程序

数控加工程序清单			零件图号	零件名称
姓名	班级	成绩	C1	模芯块
序号	程　序		说　明	
	O0001;		程序号	
N0010	G90 G17 G54 G00 X－38 Y－49;		坐标系设定；绝对坐标编程，选择 *XY* 平面，刀具快速定位到 *R* 点	
N0020	M03 S800;		主轴正转，根据粗、精加工选择主轴转速	
N0030	Z50;		安全高度	
N0040	Z10;		快速到下刀深度	
N0050	G01 Z0.2 F800 D01;		根据粗、精加工选择进给速度，到加工表面，调用粗加工刀补 D01	
N0060	M98 P100002;		调用子程序 O0002，次数 10 次	
N0070	G90 G01 Z－5 F300 S1200 D02;		使用精加工转速、进给，调用精加工刀补 D02	
N0080	M98 P010002;		调用子程序 O0002 一次	
N0090	G0 Z50;		取消刀具半径补偿，回安全位置	
N0100	M05;		主轴停	
N0110	M30;		程序结束，状态复位	

表 3－5　项目三模芯块零件加工子程序

数控加工程序清单			零件图号	零件名称
姓名	班级	成绩	C1	模芯块
序号	程　序		说　明	
	O0002;		程序号	
N0010	G91 G01 Z－1;		每层深度	
N0020	G90 G41 X－30 Y－30;		绝对坐标编程，建立左刀补，直线切削至 *A* 点	
N0030	Y30;		*R*→*B*	
N0040	X30;		*B*→*C*	

续表 3-5

N0050	Y-30；	C→D
N0060	X-49；	D→E
N0070	G40 X-38 Y-49；	E→R
N0080	M99；	子程序结束返回主程序

项目检查与评价

实训报告表

项目名称						实训课时	
姓名		班级		学号		日期	
学习过程	(1)操作过程中是否遵守安全文明操作？ (2)在加工的时候，遇到的难题是什么？你觉得要注意什么？ (3)简要写下完成本项目的加工过程。						
心得体会	(1)通过本项目，你学到了什么？ (2)工件做出来的效果如何？有哪些不足，需要改进的地方在哪里？获得了什么经验？						

检查评价表

序号	检测的项目	分值	自我测评		小组长测评		教师测评	
			结果	得分	结果	得分	结果	得分
1	模芯块外形 60 mm ×（60 ±0.02）mm	40						
2	模芯块调头加工的接刀痕	20						
3	外形表面粗糙度 $Ra=3.2\ \mu m$（四个面）	20						
4	机床保养，工刃量具摆放	10						
5	安全操作情况	10						
合计		100						
本项目总成绩（= 自评 30% + 小组长评 30% + 教师评 40%）								

指令知识加油站

学一学

1. 刀具半径偏置功能（G40/G41/G42）

指令格式：G41/G42 G00/G01 X____ Y____ Z____ D____ F____；

G40 G00/G01 X____ Y____ Z____；

功能：(1) G40：取消刀具直径偏置；(2) G41：偏置在刀具行进方向的左侧；(3) G42：偏置在刀具行进方向的右侧；(4) D：偏置内存地址，在 D 后面是从 01 到 32 的两位数字。

刀具半径补偿方向的判断，如图 3－2 所示。

G41 刀具左补偿，沿刀具的运动方向看，刀具在运动方向的左侧，见图 3－2a；

G42 刀具右补偿，沿刀具的运动方向看，刀具在运动方向的右侧，见图 3－2b。

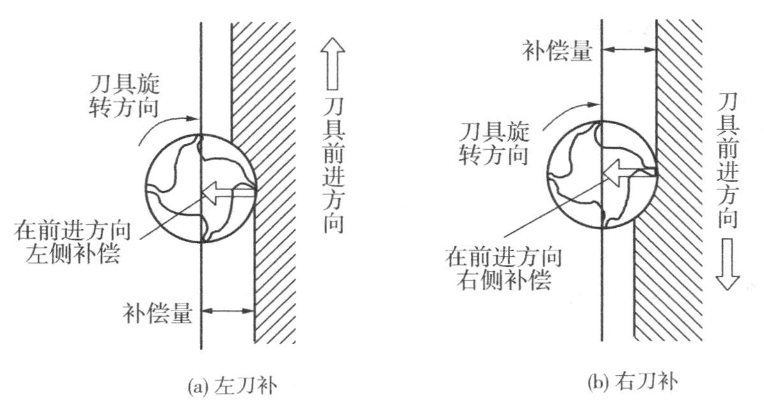

图 3－2　刀具补偿方向

【例3－1】如图3－3所示，使用刀具半径补偿来编写程序。

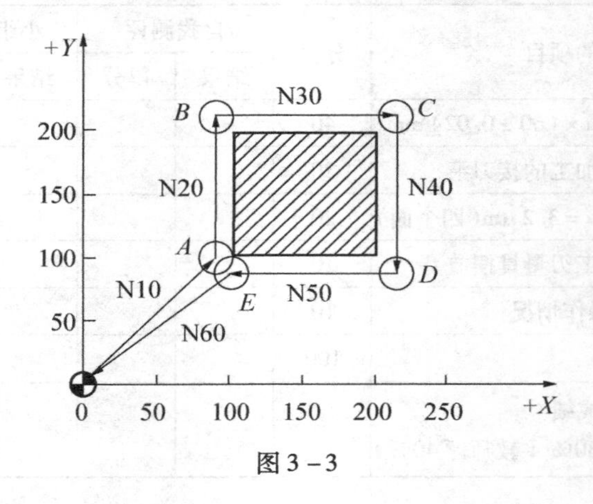

图3－3

程序：

N10 G41 G01 X100 Y80 F100 D01;　　　　　　刀补建立
N20 Y200;　　　　　　刀补进行中
N30 X200;
N40 Y100;
N50 X90;
N60 G40 G00 X0 Y0;　　　　　　刀补取消

2. 调用子程序 M98 指令

指令格式：M98 P_ ××××

指令功能：调用子程序

说明：

(1)P ____为重复调用子程序的次数，若只调用一次子程序可省略不写，系统允许重复调用次数为1～9999次。

(2)××××为要调用的子程序号。

3. 子程序结束 M99 指令

指令格式：M99

指令功能：子程序运行结束，返回主程序

说明：

(1)执行子程序结束M99指令后，返回至主程序，继续执行M98 P ____××××程序段下面的主程序；

(2)若子程序结束指令用M99 P ____格式时，表示执行完子程序后，返回到主程序中由P ____指定的程序段；

(3)若在主程序中插入M99程序段，则执行完该指令后返回到主程序的起点。

4. 子程序的格式

O(或:)××××

……

M99

说明：其中O(或:)××××为子程序号，“O”是EIA代码，“:”是ISO代码。

拓展项目

练一练

使用G01指令编写如下零件所示六边形的程序。(需要使用子程序调用的方法来完成)

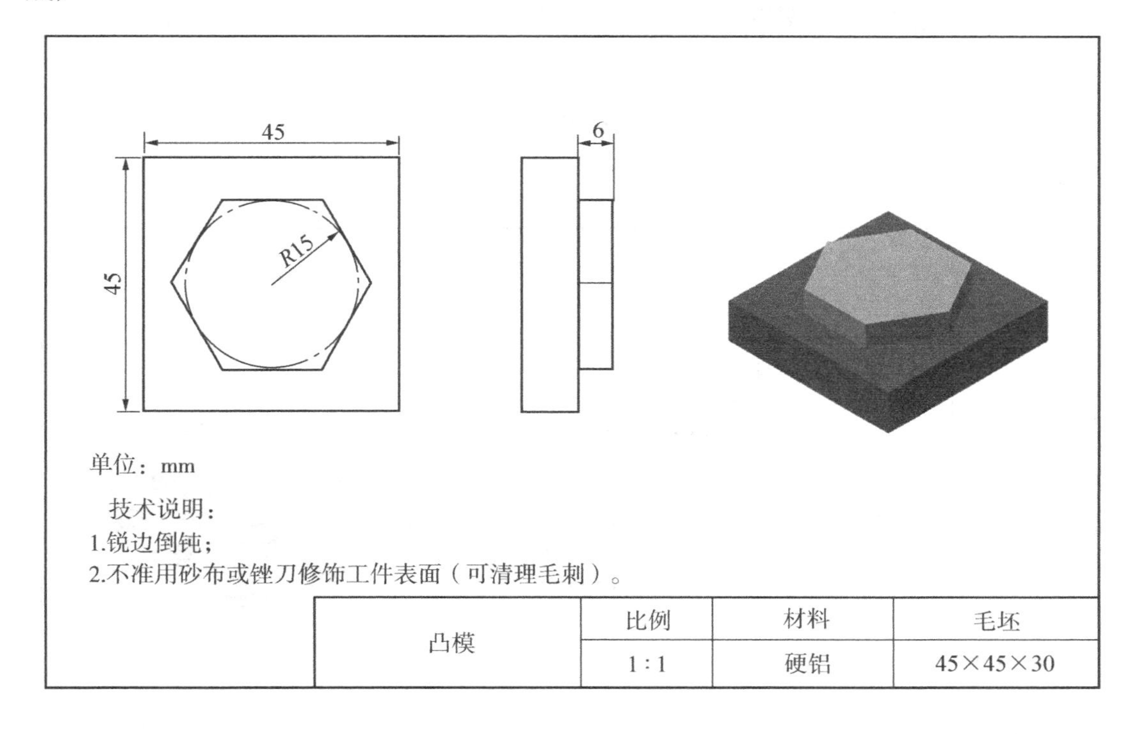

凸模	比例	材料	毛坯
	1∶1	硬铝	45×45×30

项目四

台阶零件加工

项目引入

某公司急需一小批教学模具模芯块（零件尺寸如C2图纸所示），数量为50件。现将订单委托我校数控车间协助解决，该零件要使用数控铣床加工。已知毛坯材料为硬铝，毛坯尺寸为60 mm×60 mm×18 mm，生产类型为单件小批量。前面课程已学习了模芯块的平面和外形加工，接下来要学习模芯台阶的加工。同学们分成若干小组并选出小组长，每组4～5人，在专业老师的指导下，利用车间现有的条件，以小组工作的形式完成任务。

项目任务及要求

按图纸C2的要求加工模芯块。

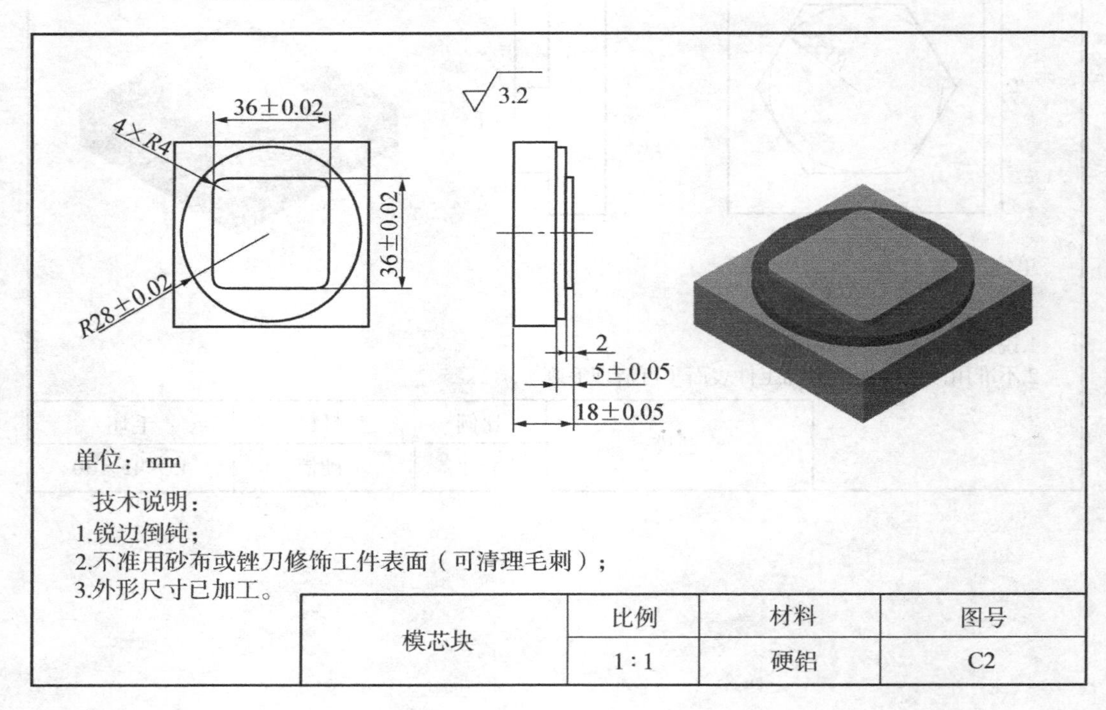

学习目标

知识目标

- 了解外形铣削的特点。
- 读懂模芯块零件图，准备相关加工工艺。
- 掌握 G01 指令的格式。
- 掌握圆弧指令 G02、G03 指令的格式。

技能目标

- 掌握数控铣床外形铣削的加工方法、加工工艺。
- 掌握模芯台阶加工的编程方法、检测方法。
- 掌握圆弧切削的加工方法。

情感目标

- 培养学生沟通能力、小组合作精神及安全文明生产的职业素养。

项目实施过程

想一想

1. 模芯台阶有什么特点？
2. 要完成这项目需要哪些刀具、量具？
3. 零件图 C2 的台阶加工方法是什么？
4. 加工本项目要用到什么编程指令？如何编写加工程序？
5. 如何使用分中棒完成对刀步骤？

做一做

根据图纸 C2 的要求加工台阶模芯块。

1. 根据图纸 C2 分析(见表 4－1)

表 4－1　项目四图纸 C2 分析

分析项目	分析内容
标题栏信息	零件名称：模芯块 零件材料：硬铝 毛坯规格：60 mm × 60 mm × 18 mm

续表 4－1

分析项目	分析内容
零件形体	零件主要结构：模芯上有两级台阶需要加工，上台阶为正方体，下台阶为圆柱，精度要求较高，表面粗糙度要达到 $Ra3.2\ \mu m$
零件的公差	零件公差要求是：尺寸公差为 ±0.02 mm
表面粗糙度	零件加工表面粗糙度是：$Ra3.2\ \mu m$
其他技术要求	零件其他技术要求：锐边倒钝、不准用砂布或锉刀修饰工件表面（可清理毛刺）

2. 刀具选用及参数（见表 4－2）

表 4－2 刀具选用及参数表

刀具号	刀具类型	刀具型号	主轴转速 r/min	进给速度 mm/min	刀具半径补偿号和数值 mm
T01	平面铣刀（粗）	D16	800	800	D01（8.15）
T02	平面铣刀（精）	D16	1200	300	D02（8）

3. 量具选用

（1）游标卡尺（详见附录）。

（2）外径千分尺（详见附录）。

（1）加工模芯上台阶 $\phi 56$ 圆柱。

4. 加工思路（仅供参考，可按照实际讨论修改）

选用 D16 的平底立铣刀，粗加工切深为 1 mm，精加工切深为5 mm，粗加工 *XY* 平面留 0.3 mm余量。

加工进刀点一般离开毛坯若干距离，由于毛坯外形尺寸差距不大，一般取 5 mm 距离（退刀点相同）。

进刀点 *R* ＝加工圆柱半径＋刀具半径＋离开距离

＝38＋8＋5

＝51

加工刀具路线如图 4－1 所示。

加工点坐标：

R(51，0)；*A*(38，0)；*B*(28，0)。

（2）加工模芯下台阶 36 mm×36 mm 正方体，并倒 *R*4 圆角。

选用 D16 的平底立铣刀，粗加工切深为1 mm，精加工切深为2 mm，粗加工 *XY* 平面留 0.3 mm余量。

加工进刀点一般离开毛坯 5 mm（退刀点相同）

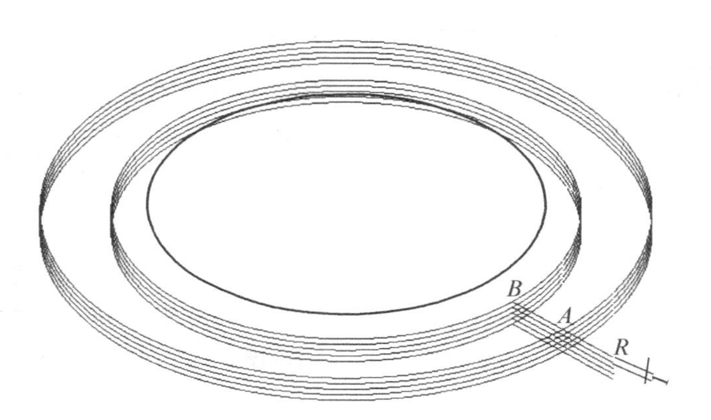

图 4-1 台阶上圆柱加工刀具路线

进刀点 R = 加工正方体边长尺寸的一半 + 刀具半径 + 离开距离

= 28 + 8 + 5

= 41

加工刀具路线如图 4-2 所示。

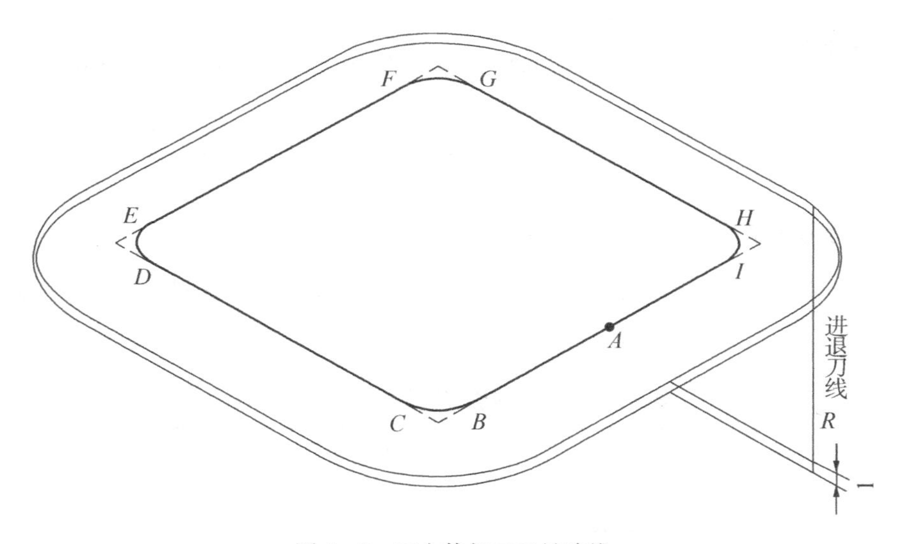

图 4-2 正方体加工刀具路线

加工点坐标：

R(41, 0), A(18, 0), B(18, -14), C(14, -18), D(-14, -18), E(-18, -14), F(-18, 14), G(-14, 18), H(14, 18), I(18, 14)。

5. 填写工序卡(仅供参考，可按照实际讨论修改)

在接受模芯块加工任务时，应先分析图纸尺寸精度、特征及要求，选择恰当的材料和刀具、量具后，再填写加工工序卡，见表 4-3。

表4-3　项目四模芯块台阶零件加工工序卡

项目四工序卡 模芯块加工			零件图号	零件名称	材料	日期
			C2	模芯块	硬铝	
车　间	使用设备	设备使用情况	程序编号		操作者	
数控铣床实训中心	数控铣床(FANUC)	正常	(自定)			
工步号	工　步　内　容	刀具号	刀具规格	主轴转速 r/min	进给速度 mm/min	切削深度 mm
1	装夹零件毛坯，对刀		分中棒	800	手动	
2	粗加工模芯圆柱，留0.3 mm余量	T01	D16平面铣刀	800	800	1
3	精加工模芯圆柱，控制好尺寸	T02	D16平面铣刀	1200	300	5
4	粗加工模芯正方体，留0.3 mm余量	T01	D16平面铣刀	800	800	1
5	精加工模芯正方体，控制好尺寸	T02	D16平面铣刀	1200	300	2
编　制		审　核		批　准		共　页　第　页

6. 编写本项目的加工程序(仅供参考)

运用G00及G01指令编写本项目模芯块圆柱及正方体的数控铣削加工程序，见表4-4、表4-5。

表4-4　项目四模芯块圆柱零件加工程序

数控加工程序清单			零件图号	零件名称
姓名	班级	成绩	C2	模芯
序号	程　序		说　明	
	O0001；		程序号	
N0010	G90 G17 G54 G00 X50 Y0；		坐标系设定；绝对坐标编程，选择 *XY* 平面，刀具快速定位到 *R* 点	
N0020	M03 S800；		主轴正转，根据粗、精加工选择主轴的转速	
N0030	Z50；		安全高度	
N0040	Z10；		快速到下刀深度	
N0050	G01 Z0.2 F800 D01；		根据粗、精加工选择进给速度，到加工表面，调用粗加工刀补D01	

续表4－4

序号	程　　序	说　　明
N0060	M98 P50002；	调用子程序O0002，次数5次
N0070	G90 G01 Z－4 F300 S1200 D02；	使用精加工转速、进给，调用精加工刀补D02
N0080	M98 P10002；	调用子程序O0002一次
N0090	G0 Z50；	取消刀具半径补偿，回安全位置
N0100	M05；	主轴停
N0110	M30；	程序结束
	O0002；	子程序
N0010	G91 G01 Z－1；	每层深度
N0020	G90 G01 G41 X38；	绝对坐标编程，建立左刀补，直线切削至*A*点
N0030	G02 X38 Y0 I－38；	*R*35全圆加工
N0040	G40 G1 X50 Y0；	*R*35全圆加工
N0050	G41 G01 X28；	直线切削至*B*点
N0060	G02 X28 Y0 I－28；	R28全圆加工
N0070	G40 G01 X50；	取消刀具半径补偿，回到*R*点
N0080	M99；	结束子程序

表4－5　项目四模芯块正方体零件加工程序

<table>
<tr><td colspan="3">数控加工程序清单</td><td>零件图号</td><td>零件名称</td></tr>
<tr><td>姓名</td><td>班级</td><td>成绩</td><td rowspan="2">C2</td><td rowspan="2">模芯</td></tr>
<tr><td></td><td></td><td></td></tr>
</table>

序号	程　　序	说　　明
	O0003；	程序号
N0010	G90 G17 G54 G00 X41 Y0；	坐标系设定；绝对坐标编程，选择*XY*平面，刀具快速定位到*R*点
N0020	M03 S800；	主轴正转，根据粗、精加工选择主轴的转速
N0030	Z50；	安全高度
N0040	Z10；	快速到下刀深度
N0050	G01 Z0.2 F800 D01；	根据粗、精加工选择进给速度，到加工表面，调用粗加工刀补D01
N0060	M98 P20004；	调用子程序O0004，次数2次
N0070	G90 G01 Z－1 F300 S1200 D02；	使用精加工转速、进给，调用精加工刀补D02

续表 4-5

序号	程　序	说　明
N0080	M98 P10004；	调用子程序 O0002 一次
N0090	G40 G0 Z50；	取消刀具半径补偿，回安全位置
N0100	M05；	主轴停
N0110	M30；	程序结束
	O0004；	子程序
N0010	G91 G01 Z-1；	每层深度
N0020	G90 G01 G41 X18；	绝对坐标编程，建立左刀补，$R \to A$
N0030	Y-14；	$A \to B$
N0040	G02 X14 Y-18 R4；	$B \to C$
N0050	G01 X-14；	$C \to D$
N0060	G02 X-18 Y-14　R4；	$D \to E$
N0070	G01 Y14；	$E \to F$
N0080	G02 X-14 Y18 R4；	$F \to G$
N0090	G01 X14；	$G \to H$
N0100	G02 X18 Y14 R4；	$H \to I$
N0110	G01 Y0；	$I \to A$
N0120	G40 G01 X41；	取消刀具半径补偿，回到 R 点
N0130	M99；	子程序结束

项目检查与评价

实训报告表

<table>
<tr><td>项目
名称</td><td colspan="5"></td><td>实训
课时</td><td></td></tr>
<tr><td>姓名</td><td></td><td>班级</td><td></td><td>学号</td><td></td><td>日期</td><td></td></tr>
<tr><td>学习
过程</td><td colspan="7">(1)操作过程中是否遵守安全文明操作?

(2)在加工的时候，遇到的难题是什么?你觉得要注意什么?

(3)简要写下完成本项目的加工过程。</td></tr>
<tr><td>心得
体会</td><td colspan="7">(1)通过本项目，你学到了什么?

(2)工件做出来的效果如何?有哪些不足，需要改进的地方在哪里?获得了什么经验?</td></tr>
</table>

检查评价表

序号	检测的项目	分值	自我测评		小组长测评		教师测评	
			结果	得分	结果	得分	结果	得分
1	模芯圆柱 φ56 mm ±0.02 mm	20						
	模芯圆柱高度 3 mm ±0.05 mm	10						
2	模芯圆柱表面粗糙度 *Ra*3.2μm	10						
3	模芯正方体 36 mm ×36 mm ±0.02 mm	20						
4	模芯正方体表面粗糙度 *Ra*3.2μm	10						
5	倒角 C4	10						
	模芯正方体高度 2 mm	10						
6	安全操作情况	10						
合计		100						
本项目总成绩（=自评 30% +小组长评 30% +教师评 40%）								

指令知识加油站

学一学

1. 倒角倒圆角 G01 指令

数控铣工编程中可以使用 G01 指令来完成倒角倒圆角，倒角控制功能可以在两相邻轨迹之间插入直线倒角或圆弧倒角。

1）直线自动倒角

指令格式：G01　X ____　Y ____　C ____

功能：直线倒角 G01，指令刀具从 *A* 点到 *B* 点，然后到 *C* 点（见图 4－3）。

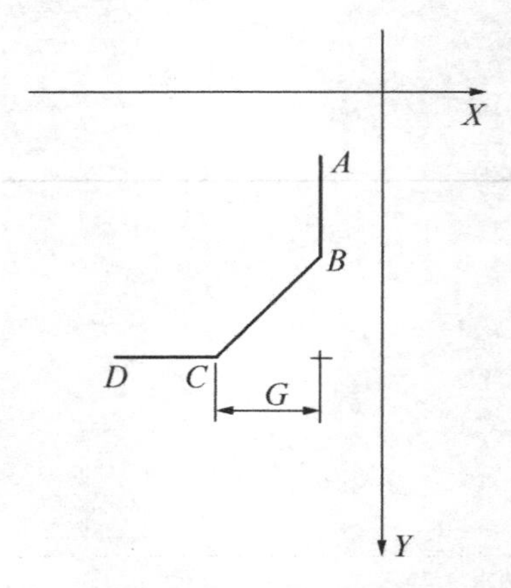

图 4－3　直线倒角

说明：(1)X、Y：在 G90 时，是两相邻直线的交点，即 *G* 点的坐标值；在 G91 时，是 *G* 点相对于起始直线轨迹的始点 *A* 点的移动距离。

(2)C：是相邻两直线的交点 *G*，相对于倒角始点的距离。

2)直线自动倒圆角

指令格式：G01　X____　Y____　R____

功能：圆弧倒角 G01，指令刀具从 *A* 点到 *B* 点，然后到 *C* 点(见图 4－4)。

说明：(1)X、Y：在 G90 时，是两相邻直线的交点，即 *G* 点的坐标值；在 G91 时，是 *G* 点相对于起始直线轨迹的始点 *A* 点的移动距离。

(2)R：是倒角圆弧的半径值。

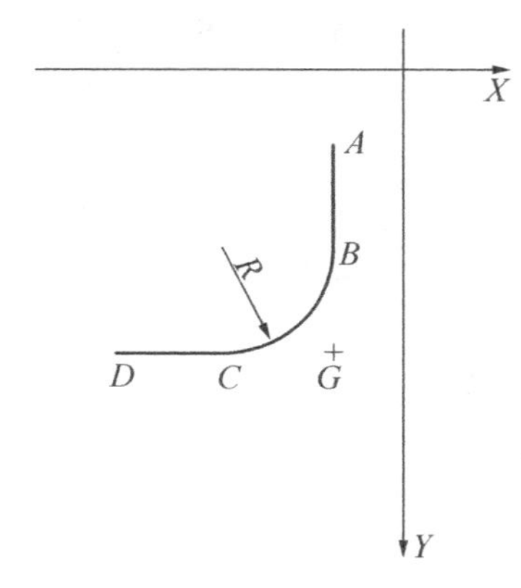

图 4－4　圆弧倒角

【例 4－1】如图 4－5 所示，使用 G01 指令编写出零件外形的程序。(忽略刀具半径补偿)

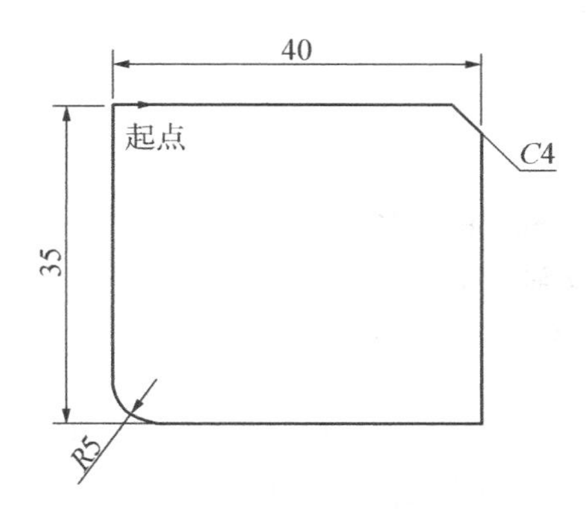

图 4－5　倒角倒圆角 G01 指令的编程

(1)绝对坐标方式程序：

```
G01 G90 X20 Y17.5 C3;
        X20 Y－17.5;
        X－20 Y－17.5 R5;
        X－20 Y17.5;
```

(2)相对坐标方式程序：

G01 G91 X40 Y0 C3；
X0 Y-35；
X-40 Y0 R5；
X0 Y35；

2. 圆弧切削 G02/G03 指令

1)指令格式：

圆弧在 *XY* 平面上：

G17 G02（G03）G90（G91）X____ Y____ R____ F____；

G17 G02（G03）G90（G91）X____ Y____ I____ J____ F____；

圆弧在 *XZ* 平面上：

G18 G02（G03）G90（G91）X____ Z____ R____ F____；

G18 G02（G03）G90（G91）X____ Z____ I____ J____ F____；

圆弧在 *YZ* 平面上：

G19 G02（G03）G90（G91）Y____ Z____ I____ K____ F____；

G19 G02（G03）G90（G91）Y____ Z____ J____ K____ F____；

说明：

G17：该指令选择 *XY* 平面

G18：该指令选择 *XZ* 平面

G19：该指令选择 *YZ* 平面

G02：顺时针圆弧插补

G03：逆时针圆弧插补

X、Y：圆弧的终点坐标

R：圆弧半径

I：圆心点相对起点在 *X* 轴上的增量

J：圆心点相对起点在 *Y* 轴上的增量

K：圆心点相对起点在 *Z* 轴上的增量

F：切削进给速度

圆弧≤180°用 +*R*；180°＜圆弧＜整圆用 -*R*，整圆只能用 I、J、K 编程。

【例 4-2】如图 4-6 所示，编写出以下几种圆弧的程序。

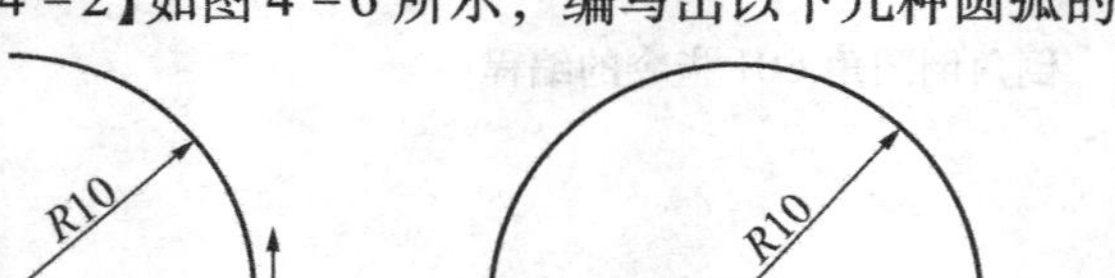
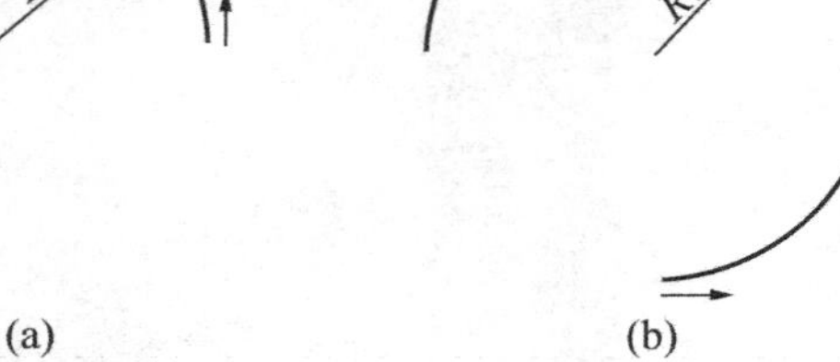
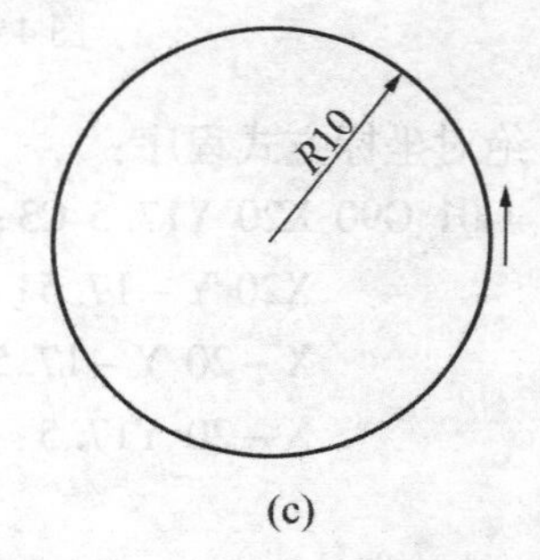

图 4-6　G02 指令的编程

(a)：G02 X0 Y10 R10；
　　或 G02 X0 Y10 I－10；
(b)：G02 X－10 Y0 R－10；
　　或 G02 X－10 Y0 J10；
(c)：G02 X10 Y0 I－10；

3. 分中棒的使用

分中棒的作用就是对一个零件的 *XY* 轴进行分中。

分中棒使用步骤：

(1)主轴正转，移动至零件 *X* 轴一端，使分中棒与零件接触，仔细观看分中棒的上下两端是否对接，达到对齐，在相对清零界面按清零键；

(2)移动至零件 *X* 轴另一端，使分中棒与零件接触，仔细观看分中棒的上下两端是否对接，达到对齐，把操作面板上的 *X* 轴数值除以 2，把 *X* 轴坐标移动到对应的数值上。

(3)*Y* 轴同理。

(4)打开坐标设置，在 G54 位置输入对应机床坐标数值。

拓展项目

练一练

按如下零件图图纸要求编写出零件外形的程序。(需要使用刀具半径补偿)

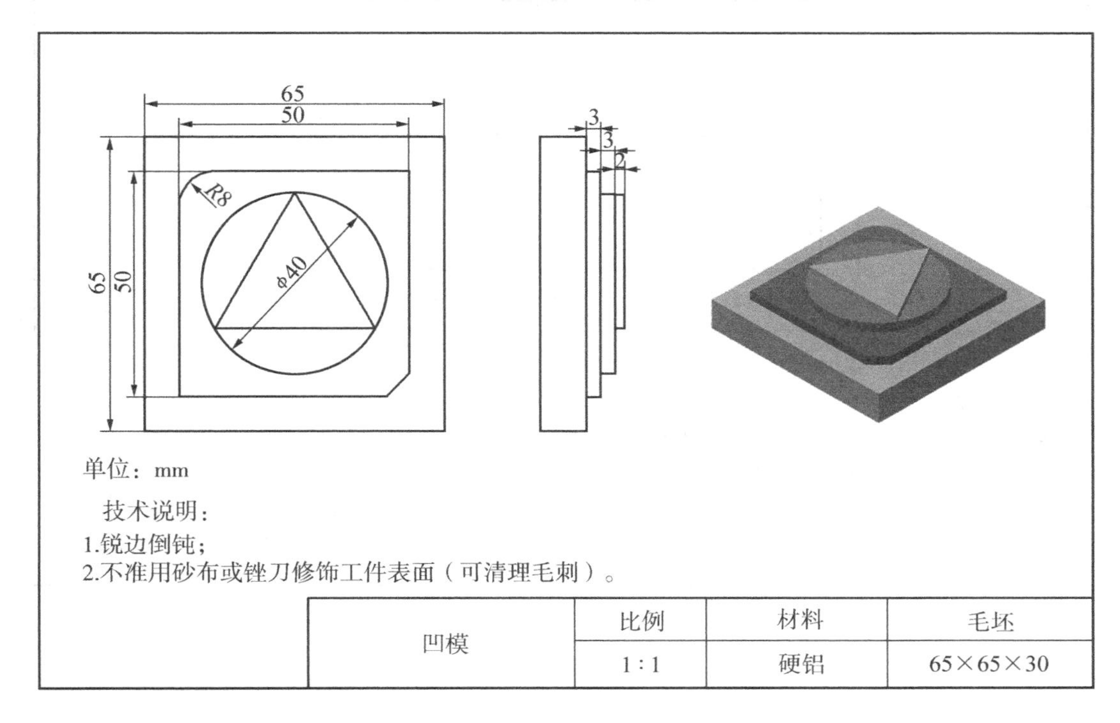

项目五

内槽加工

项目引入

某企业急需一小批 VS 形内槽(零件尺寸如 C3 图纸所示)型腔块，数量为 50 件。现将订单委托我校数控车间协助解决，该零件要使用数控铣床加工。已知毛坯材料为硬铝，毛坯尺寸为 85 mm × 45 mm × 20 mm，生产类型为单件小批量。本次课程主要学习内槽的加工，同学们分成若干小组并选出小组长，每组 4 ～ 5 人，在专业老师的指导下，利用车间现有的条件，以小组工作的形式完成任务。

项目任务及要求

按图纸 C3 的要求加工模腔块。

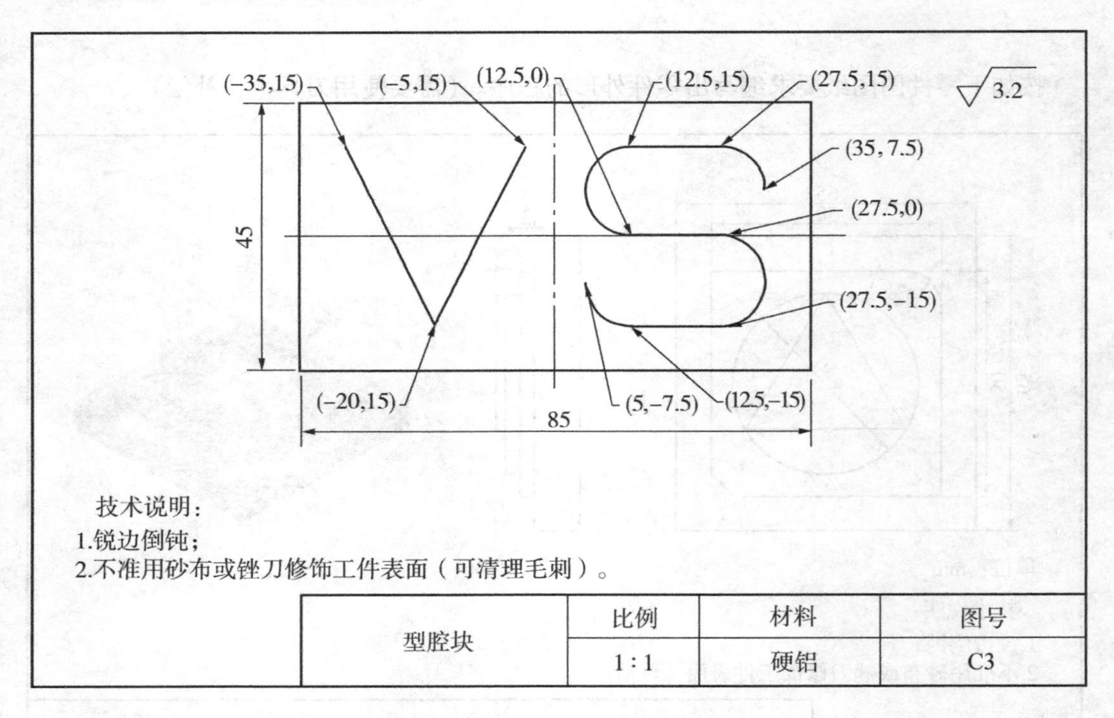

型腔块	比例	材料	图号
	1 : 1	硬铝	C3

项目二

平面铣削加工

项目引入

某公司急需一小批教学模具模芯块(零件尺寸如C1图纸所示)，数量为50件。现将订单委托我校数控车间协助解决，该零件要使用数控铣床加工。已知毛坯材料为硬铝，毛坯尺寸为65 mm×65 mm×20 mm，生产类型为单件小批量。本次课程的主要任务是模芯块平面的加工，同学们分成若干小组并选出小组长，每组4～5人，在专业老师的指导下，利用车间现有的条件，以小组工作的形式完成任务。

项目任务及要求

按图纸C1的要求加工模芯块。

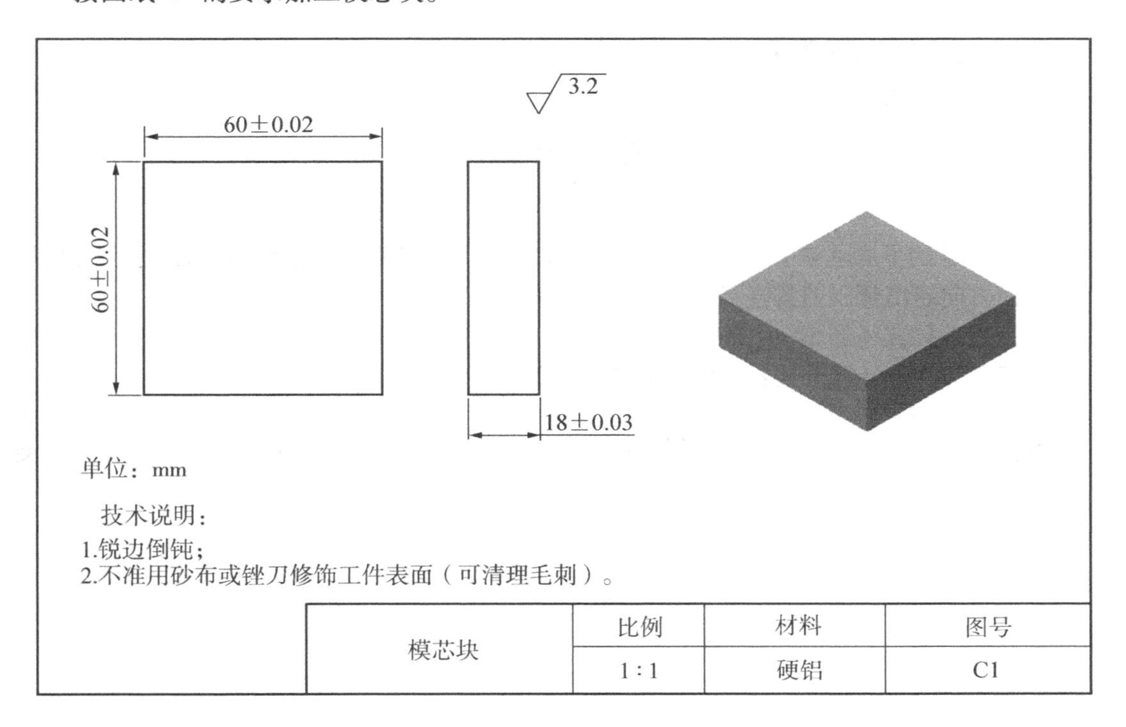

模芯块	比例	材料	图号
	1∶1	硬铝	C1

续表 5－1

分析项目	分析内容
零件形体	零件主要结构：型腔块一个平面需要加工，铣出的面上挖槽加工 VS，精度要求不高，表面粗糙度要达到 $Ra1.6\ \mu m$
零件的公差	零件公差要求是：槽深度 1.5 mm，尺寸公差为 0.06 mm
表面粗糙度	零件加工表面粗糙度是：$Ra3.2\ \mu m$
其他技术要求	零件其他技术要求：锐边倒钝、不准用砂布或锉刀修饰工件表面(可清理毛刺)

2. 刀具选用及参数(见表 5－2)

表 5－2　刀具选用及参数表

刀具号	刀具类型	刀具型号	主轴转速 r/min	进给速度 mm/min
T01	平面铣刀(粗)	D16	800	800
T02	平面铣刀(精)	D16	1200	300
T03	球头刀	R3	1500	300

3. 量具选用

(1)游标卡尺(详见附录)。
(2)外径千分尺(详见附录)。

4. 加工思路(仅供参考，可按照实际讨论修改)

1)加工 85 mm ×45 mm 表面(已学)
选用 D16 的平底立铣刀，粗加工切深为 0.5 mm，精加工切深为 5 mm，往复走刀路径。
截面方向超出量：刀具直径的 50%～100%
行距：刀具直径的 50%～80%
来回走刀次数计算公式：(总宽/行距 +1)取整。
2)加工 VS 槽
选用 R3 球头刀，粗加工切深为 0.5 mm，精加工切深为 1.5 mm，往复走刀路径(见图 5－1)。

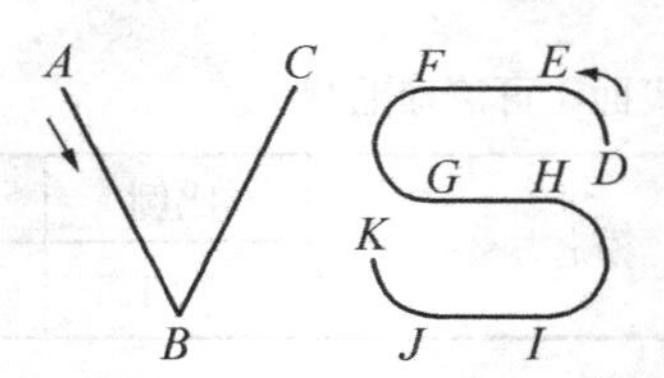

图 5－1　加工刀具路线

加工点坐标：

A(−35，15)，*B*(−20，−15)，*C*(35，7.5)，*D*(35，7.5)，*E*(27.5，15)，*F*(12.5，15)，*G*(12.5，0)，*H*(27.5，0)，*I*(27.5，−15)，*J*(12.5，−15)，*K*(5，−7.5)。

5. 填写工序卡(仅供参考，可按照实际讨论修改)

在接受型腔块加工任务时，应先分析图纸尺寸精度、特征及要求，选择恰当的材料和刀具、量具后，再制定加工工序卡，见表5－3。

表5－3 项目五型腔块加工工序卡

项目五工序卡 型腔块加工			零件图号	零件名称	材料	日期
			C3	型腔块	硬铝	
车　间	使用设备		设备使用情况	程序编号		操作者
数控铣床实训中心	数控铣床(华中713)		正常	(自定)		
工步号	工　步　内　容	刀具号	刀具规格	主轴转速 r/min	进给速度 mm/min	切削深度 mm
1	装夹零件毛坯，对刀	T01	D16平面铣刀	800	手动	
2	精加工型腔块正上平面	T02	D16平面铣刀	1200	300	0.2
3	装夹零件毛坯，对刀	T03	R3球头铣刀	800	手动	
4	粗加工型腔块VS槽	T03	R3球头铣刀	800	800	0.5
5	精加工型腔块VS槽，控制好尺寸	T03	R3球头铣刀	1500	300	1.5
编　制		审　核		批　准	共　页	第　页

说明：合理选择该零件工件坐标原点，确定走刀路线，根据该零件的加工要求编制程序清单，并完成相应卡片的填写。

6. 编写本项目的加工程序(仅供参考)

运用G00、G01、G02及G03指令编写本项目零件图的数控铣削加工程序，见表5－4。

表5－4 项目五型腔块零件加工程序

数控加工程序清单			零件图号	零件名称
姓名	班级	成绩	C3	型腔块
序号	程　序		说　明	
	O0001;		程序号	
N0010	G90 G17 G54 G00 X－35 Y15;		坐标系设定；绝对坐标编程，选择*XY*平面	
N0020	M03 S800;		主轴正转，根据粗、精加工选择主轴转速	
N0030	Z50;		安全高度	

续表 5-4

序号	程　　序	说　　明
N0040	Z10；	快速到下刀深度
N0050	G01 Z0.2 F800；	根据粗、精加工选择进给速度，到加工表面
N0060	M98 P30002；	调用子程序 O0002，次数 3 次
N0070	G90 G01 Z-1 F300 S1200；	使用精加工转速、进给
N0080	M98 P10002；	调用子程序 O0002 一次
N0090	G0 Z50；	回安全位置
N0100	M05；	主轴停
N0110	M30；	程序结束
	O0002；	子程序
N0010	G91 G01 Z-0.5；	每层深度
N0020	G90 G01 X-35 Y15；	绝对坐标编程，直线切削至 *A* 点
N0060	G90 G01 X-20 Y-15；	*A*→*B*
N0070	X-5 Y15；	*B*→*C*
N0080	G91 G01 Z5；	提刀
N0090	G90 G01 X35 Y7.5；	*C*→*D*
N0100	G91 G01 Z-5；	下刀
N0120	G90 G03 X27.5 Y15 R7.5；	*D*→*E*
N0130	G01 X12.5 Y15；	*E*→*F*
N0140	G03 X12.5 Y0 R7.5；	*F*→*G*
N0150	G01 X27.5 Y0；	*G*→*H*
N0160	G02 X27.5 Y-15 R7.5；	*H*→*I*
N0170	G01 X12.5 Y-15；	*I*→*J*
N0180	G02 X5 Y-7.5 R7.5；	*J*→*K*
N0190	G91 G01 Z5；	
N0200	G90 G01 X-35 Y15；	回安全位置
N0210	G91 G01 Z-5；	
N0220	M99；	结束子程序

项目检查与评价

实训报告表

<table>
<tr><td>项目名称</td><td colspan="5"></td><td>实训课时</td><td></td></tr>
<tr><td>姓名</td><td></td><td>班级</td><td></td><td>学号</td><td></td><td>日期</td><td></td></tr>
<tr><td>学习过程</td><td colspan="7">(1)操作过程中是否遵守安全文明操作?
(2)加工槽时球头刀如何对刀?
(3)在加工的时候，遇到的难题是什么?你觉得要注意什么?
(4)简要写下完成本项目的加工过程。</td></tr>
<tr><td>心得体会</td><td colspan="7">(1)通过本项目，你学到了什么?
(2)工件做出来的效果如何?有哪些不足，需要改进的地方在哪里?获得了什么经验?</td></tr>
</table>

检查评价表

序号	检测的项目	分值	自我测评		小组长测评		教师测评	
			结果	得分	结果	得分	结果	得分
1	平面表面粗糙度 *Ra*3.2μm	20						
2	VS 槽的表面粗糙度 *Ra*3.2μm	20						
3	VS 槽深度和尺寸	40						
4	机床保养，工刃量具摆放	10						
5	安全操作情况	10						
合计		100						
本项目总成绩（=自评30%+小组长评30%+教师评40%）								

指令知识加油站

学一学

1. 绝对值编程 G90

指令格式：G90 X ____ Y ____ Z ____

绝对值编程指令 G90 后面的编程坐标值，都是相对于工件坐标系原点的坐标值。用该坐标轴和其后的坐标值表示。G90 为缺省值。

2. 相对值编程 G91

指令格式：G91 X ____ Y ____ Z ____

相对值编程指令 G91 后面的编程坐标值，都是相对于前一点的坐标值。

【例 5-1】 在图 5-2 中，整圆 *O'* 的圆心为(10，10)，以 *A* 点为整圆的切削起点和切削终点，按逆时针方向切削，则：I=10，J=0。

(1)绝对坐标方式程序：

G90G03X0Y10 I10J0F100；

(2)相对坐标方式程序：

G91G03X0Y0 I10J0F100；

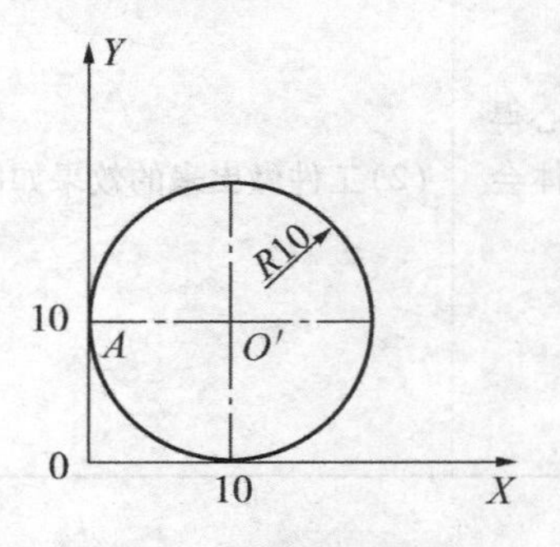

图 5-2　整圆的编程

拓展项目

练一练

1. 按本次课程图纸 C3 要求，使用 D16 平底刀具编写正上表面加工的程序。
2. 按下面某企业生产的零件图所示，编写上表面的加工程序。

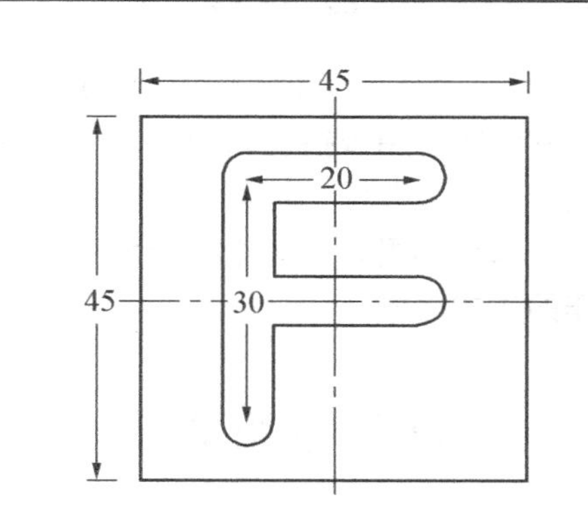

单位：mm

技术说明：
1.锐边倒钝；
2.不准用砂布或锉刀修饰工件表面（可清理毛刺）。

凹模	比例	材料	毛坯
	1∶1	硬铝	45×45×20

项目六

内轮廓加工

项目引入

某公司急需一小批心形凹模板(零件尺寸如 C4 图纸所示)，数量为50 件。现将订单委托我校数控车间协助解决，该零件要使用数控铣床加工。已知毛坯材料为硬铝，毛坯尺寸为45 mm × 45 mm × 20 mm，生产类型为单件小批量。本次课程主要学习心形凹模板内轮廓的加工，同学们分成若干小组并选出小组长，每组 4 ～ 5 人，在专业老师的指导下，利用车间现有的条件，以小组合作的形式完成任务。

项目任务及要求

按图纸 C4 的要求加工凹模板。

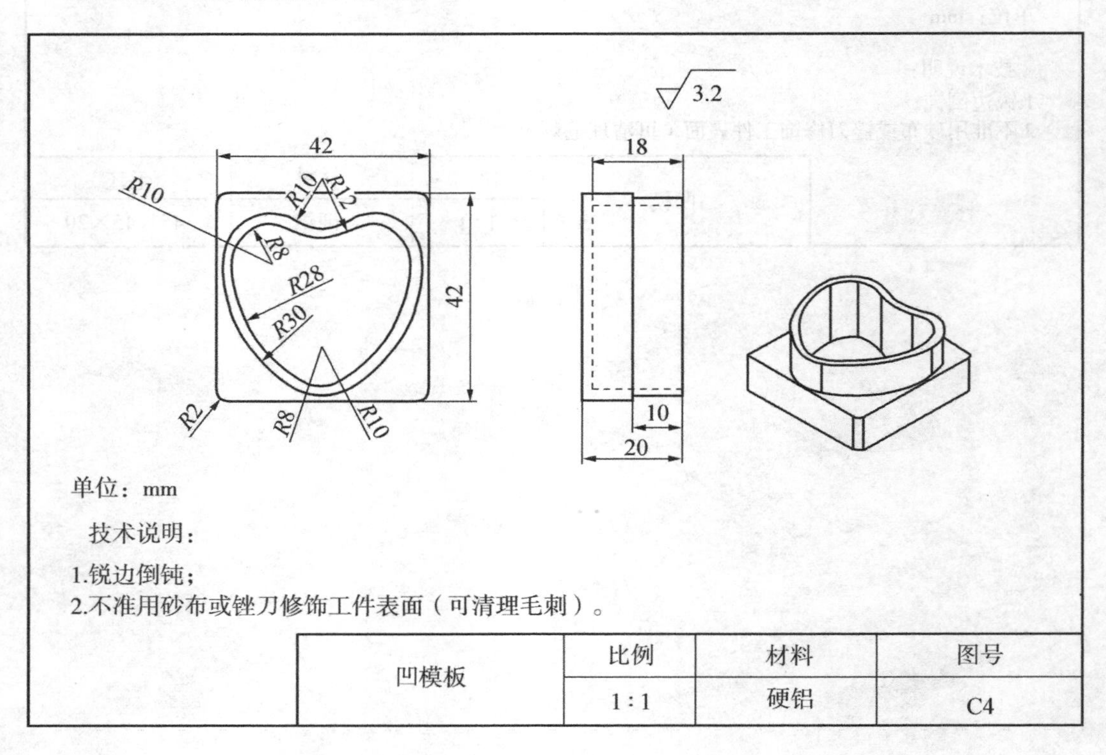

项目四

台阶零件加工

项目引入

某公司急需一小批教学模具模芯块(零件尺寸如C2图纸所示)，数量为50件。现将订单委托我校数控车间协助解决，该零件要使用数控铣床加工。已知毛坯材料为硬铝，毛坯尺寸为60 mm×60 mm×18 mm，生产类型为单件小批量。前面课程已学习了模芯块的平面和外形加工，接下来要学习模芯台阶的加工。同学们分成若干小组并选出小组长，每组4～5人，在专业老师的指导下，利用车间现有的条件，以小组工作的形式完成任务。

项目任务及要求

按图纸C2的要求加工模芯块。

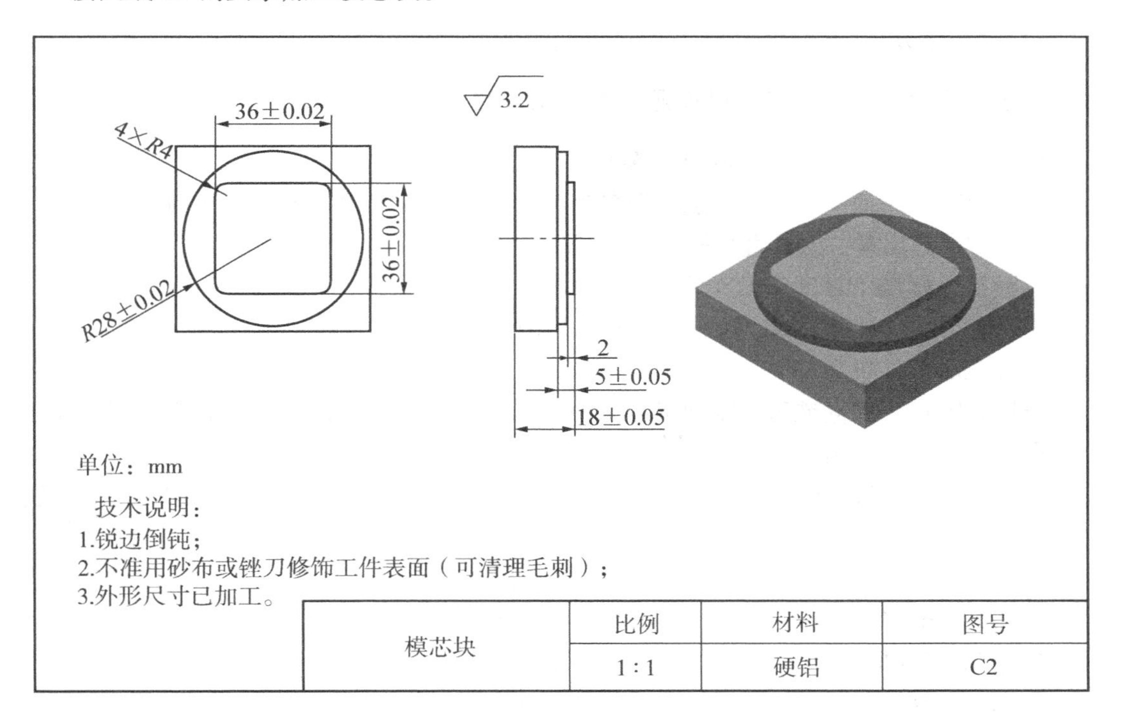

模芯块	比例	材料	图号
	1∶1	硬铝	C2

续表 6－1

分析项目	分析内容
零件的公差	零件公差要求是：心形深度范围为 18 ～ 18.06 mm
表面粗糙度	零件加工表面粗糙度是：Ra3.2 μm
其他技术要求	零件其他技术要求：锐边倒钝、不准用砂布或锉刀修饰工件表面(可清理毛刺)

2. 刀具选用及参数(见表 6－2)

表 6－2　刀具选用及参数表

刀具号	刀具类型	刀具型号	主轴转速 r/min	进给速度 mm/min	刀具半径补偿号和数值 mm
T01	平面铣刀(粗)	D12	800	800	D01(6.15)
T02	平面铣刀(精)	D12	1200	300	D02(6)

3. 量具选用

(1)游标卡尺(详见附录)。

(2)外径千分尺(详见附录)。

4. 加工思路(仅供参考，可按照实际讨论修改)

1)加工 45 mm × 45 mm 表面(外轮廓)

选用 D16 的平底立铣刀，粗加工切深为 1 mm，精加工切深为 5 mm，往复走刀路径。

截面方向超出量：刀具直径的 50%～100%

行距：刀具直径的 50%～80%

来回走刀次数计算公式：(总宽/行距 +1)取整。

2)加工心形外轮廓

选用 D16 的平底立铣刀，粗加工切深为 1 mm，精加工切深为 5 mm，往复走刀路径。

3)加工心形内轮廓

选用 D16 的平底立铣刀，粗加工切深为 1 mm，精加工切深为 18 mm，往复走刀路径。

加工点坐标：

外心形	内心形
A(－20，6.84)	(－18，6.87)
B(－5，15.66)	(－6，13.93)
C(5，15.66)	(6，13.93)
D(20，6.84)	(18，6.87)
E(5，－18.66)	(4，－16.93)
F(－5，－18.66)	(－4，－16.93)

5. 填写工序卡(仅供参考，可按照实际讨论修改)

在接受心形凹模板加工任务时，应先分析图纸尺寸精度、特征及要求，选择恰当的材料和刀具、量具后，再填写加工工序卡，见表6-3。

表6-3　项目六心形凹模板加工工序卡

项目六工序卡 心形凹模板加工			零件图号	零件名称	材料	日期
			C4	凹模板	硬铝	
车　间	使用设备	设备使用情况	程序编号		操作者	
数控铣床实训中心	数控铣床(FANUC)	正常	(自定)			
工步号	工　步　内　容	刀具号	刀具规格	主轴转速 r/min	进给速度 mm/min	切削深度 mm
1	装夹零件毛坯，对刀	T01	D12 平面铣刀	800	手动	
2	精加工凹模板正上平面	T02	D12 平面铣刀	1200	300	0.2
3	精加工 45 mm × 45 mm 外轮廓，控制好尺寸	T02	D12 平面铣刀	1200	300	5
4	粗加工心形外轮廓，控制好尺寸	T01	D12 平面铣刀	800	800	1
5	精加工心形外轮廓，控制好尺寸	T02	D12 平面铣刀	1200	300	5
6	粗加工心形内轮廓，控制好尺寸	T01	D12 平面铣刀	800	800	1
7	精加工心形内轮廓，控制好尺寸	T02	D12 平面铣刀	1200	300	18
编　制		审　核		批　准	共　页	第　页

说明：合理选择该零件工件坐标原点，确定走刀路线，根据该零件的加工要求编制程序清单，并完成相应卡片的填写。

6. 编写本项目的加工程序(仅供参考)

运用G00、G01、G02及G03指令编写本项目零件图的数控铣削加工程序，见表6-4。

表6-4　项目六心形凹模板零件加工程序

数控加工程序清单			零件图号	零件名称
姓名	班级	成绩	C4	凹模板
序号	程　序		说　明	
	O0001;		程序号	

项目八

镜像铣削加工

项目引入

某公司急需一小批教学模具模芯块（零件尺寸如 C6 图纸所示），数量为 50 件。现将订单委托我校数控车间协助解决，该零件要使用数控铣床加工。已知毛坯材料为硬铝，毛坯尺寸为 75 mm × 85 mm × 20 mm，生产类型为单件小批量。本次课程主要学习模芯块凸台的加工，同学们分成若干小组并选出小组长，每组 4 ～ 5 人，在专业老师的指导下，利用车间现有的条件，以小组合作的形式完成任务。

项目任务及要求

按图纸 C6 的要求加工模芯块。

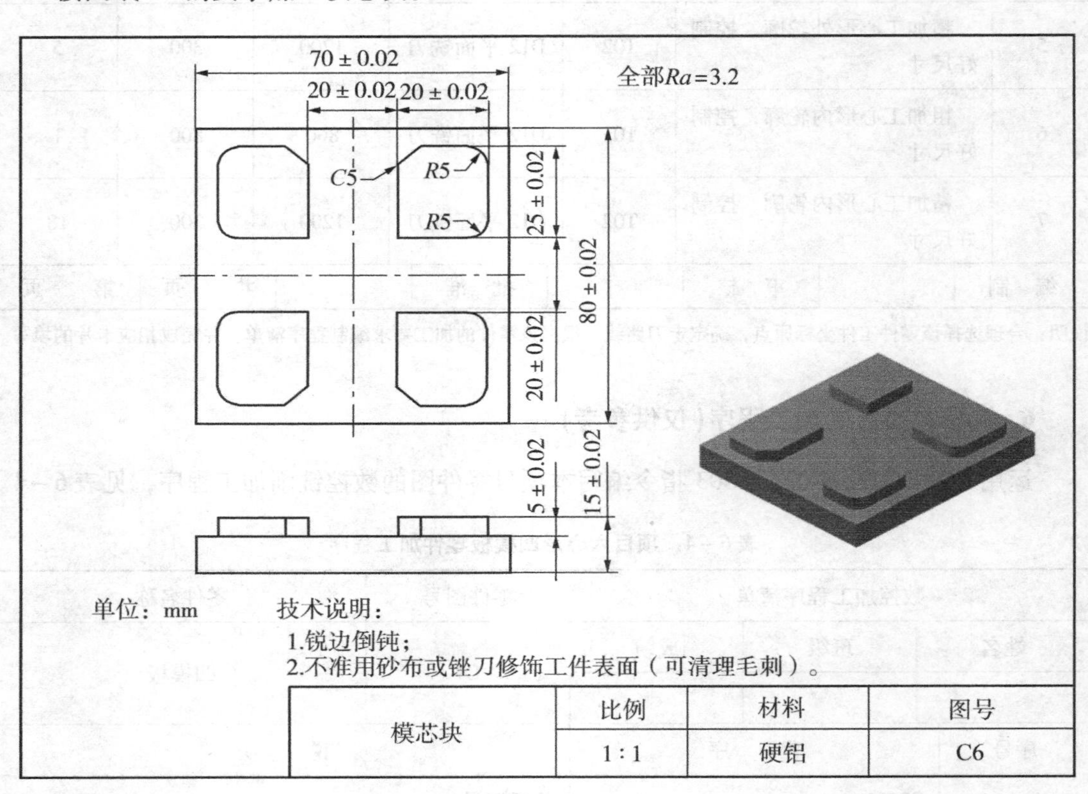

项目检查与评价

实训报告表

<table>
<tr><td>项目名称</td><td colspan="5"></td><td>实训课时</td><td></td></tr>
<tr><td>姓名</td><td></td><td>班级</td><td></td><td>学号</td><td></td><td>日期</td><td></td></tr>
<tr><td>学习过程</td><td colspan="7">(1)操作过程中是否遵守安全文明操作?
(2)在加工的时候，遇到的难题是什么？你觉得要注意什么？
(3)简要写下完成本项目的加工过程。</td></tr>
<tr><td>心得体会</td><td colspan="7">(1)通过本项目，你学到了什么?
(2)工件做出来的效果如何？有哪些不足，需要改进的地方在哪里？获得了什么经验?</td></tr>
</table>

检查评价表

<table>
<tr><th rowspan="2">序号</th><th rowspan="2">检测的项目</th><th rowspan="2">分值</th><th colspan="2">自我测评</th><th colspan="2">小组长测评</th><th colspan="2">教师测评</th></tr>
<tr><th>结果</th><th>得分</th><th>结果</th><th>得分</th><th>结果</th><th>得分</th></tr>
<tr><td>1</td><td>各表面粗糙度 Ra3.2 μm</td><td>10</td><td></td><td></td><td></td><td></td><td></td><td></td></tr>
<tr><td>2</td><td>45 mm×45 mm 外轮廓尺寸</td><td>20</td><td></td><td></td><td></td><td></td><td></td><td></td></tr>
<tr><td>3</td><td>心形外轮廓尺寸 R10 以及高度 10 mm</td><td>30</td><td></td><td></td><td></td><td></td><td></td><td></td></tr>
<tr><td>4</td><td>心形内轮廓尺寸 R8 以及深度 10 mm</td><td>30</td><td></td><td></td><td></td><td></td><td></td><td></td></tr>
<tr><td>5</td><td>安全操作情况</td><td>10</td><td></td><td></td><td></td><td></td><td></td><td></td></tr>
<tr><td colspan="2">合计</td><td>100</td><td></td><td></td><td></td><td></td><td></td><td></td></tr>
<tr><td colspan="2">本项目总成绩
(=自评30%+小组长评30%+教师评40%)</td><td></td><td colspan="2"></td><td colspan="2"></td><td colspan="2"></td></tr>
</table>

指令知识加油站

学一学

挖槽加工的下刀方式。

1. 垂直下刀

垂直下刀轨迹见图6-1。

1)小面积切削和零件表面粗糙度要求不高的情况

使用键槽铣刀直接垂直下刃并进行切削。虽然键槽铣刀其端部刀刃通过铣刀中心，有垂直吃刀的能力，但由于键槽铣刀只有两刃切削，加工时的平稳性也就较差，因而表面粗糙度较差；同时在同等切削条件下，键槽铣刀较立铣刀的每刃切削量大，因而刀刃的磨损也较大，在大面积切削中的效率较低。所以，采用键槽铣刀直接垂直下刀并进行切削的方式，通常只适用于小面积切削或被加工零件表面粗糙度要求不高的情况。

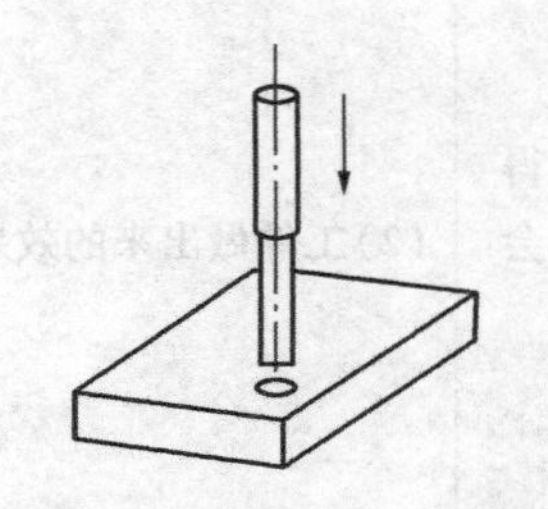

图6-1　垂直下刀轨迹

2)大面积切削和零件表面粗糙度要求较高的情况

大面积的型腔一般采用加工时具有较高的平稳性和较长使用寿命的立铣刀来加工，但由于立铣刀的底切削刃没有到刀具的中心，所以立铣刀在垂直进刀时切深能力不足，因此一般先采用键槽铣刀(或钻头)垂直进刀后，再换多刃立铣刀加工型腔。在利用CAM软件进行编程的时候，一般都会提供指定点下刀的选项。

2. 螺旋下刀

螺旋下刀轨迹见图6－2。

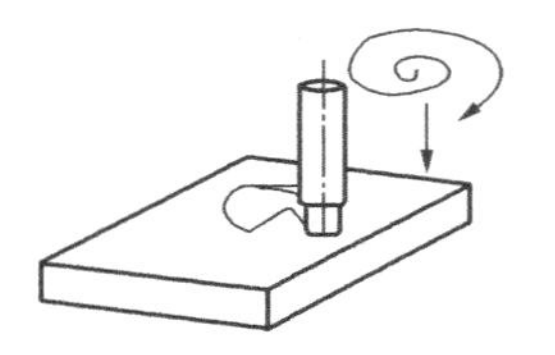

图6－2 螺旋下刀轨迹

螺旋下刀方式是现代数控加工应用较为广泛的下刀方式，特别是模具制造行业中，应用更为广泛。刀片式合金模具铣刀可以进行高速切削，但和高速钢多刃立铣刀一样，在垂直进刀时切深能力不足。但可以通过螺旋下刀的方式，通过刀片的侧刃和底刃的切削，避开刀具中心无切削刃部分与工件的干涉，使刀具螺旋式朝深度方向渐进，从而达到进刀的目的。这样，可以在切削的平稳性与切削效率之间取得一个较好的平衡点。

螺旋下刀也有其固有的弱点，比如切削路线较长，在比较狭窄的型腔加工中往往由于切削范围过小无法实现螺旋下刀等，所以有时需采用较大的下刀进给或钻下刀孔等方法来弥补，因而选择螺旋下刀方式时要留意灵活运用。

手工编写螺纹下刀程式比较繁琐，在华中21M或22M系统中可利用G02/G03螺旋进给指令来实现。但一般在手工编程过程中不常用螺旋下刀。

3. 斜线下刀

斜线下刀轨迹见图6－3。

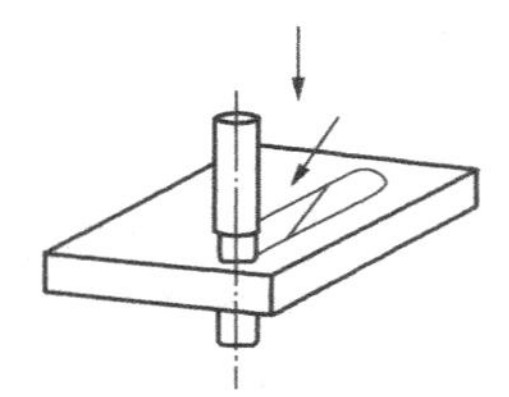

图6－3 斜线下刀轨迹

斜线下刀时刀具快速下至加工表面上方一定间隔后，改为以一个与工件表面成一角度的方向，以斜线的方式切进工件来达到 Z 向进刀的目的。斜线下刀方式作为螺旋下刀方式的一种补充，通常用于因范围的限制而无法实现螺旋下刀时的长条形的型腔加工。

斜线下刀主要的参数有：斜线下刀的起始高度、切进斜线的长度、切进和反向切进角度。起始高度一般设在加工面上方0.5～1 mm之间；切进斜线的长度要视型腔空间大小及铣削深度来确定，一般是斜线愈长，进刀的切削路程就越长；切进角度选取得太小，斜线数增多，切削路程加长；角度太大，又会产生不好的端刃切削，一般选5°～200°之间为宜。通常进刀切进角度和反向进刀切进角度取相同的值。

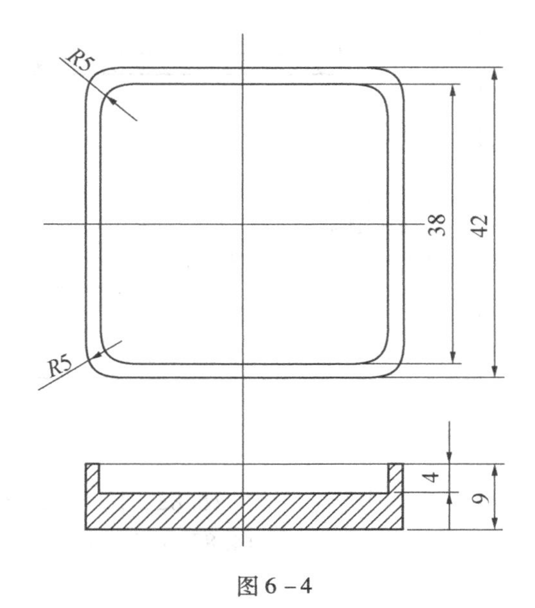

图6－4

【例6－1】如图6－4所示，编写挖槽程序。

程序：

```
O0001;
G90 G54 G00 X0 Y0 Z50;
S800 M03;
Z1;
G41 G01 X-19 Z-2 F200 D01;
Y-19;
X19;
Y19;
```

```
X -19;
Y0;
G40 G01 X0 Y0;
G0 Z100;
M05;
M30;
```

拓展项目

练一练

1. 按本次课程图纸 C4 要求，使用 D8 平底刀具编写内轮廓心形加工的程序。
2. 按下面某企业生产的零件图所示，编写上表面的加工程序。

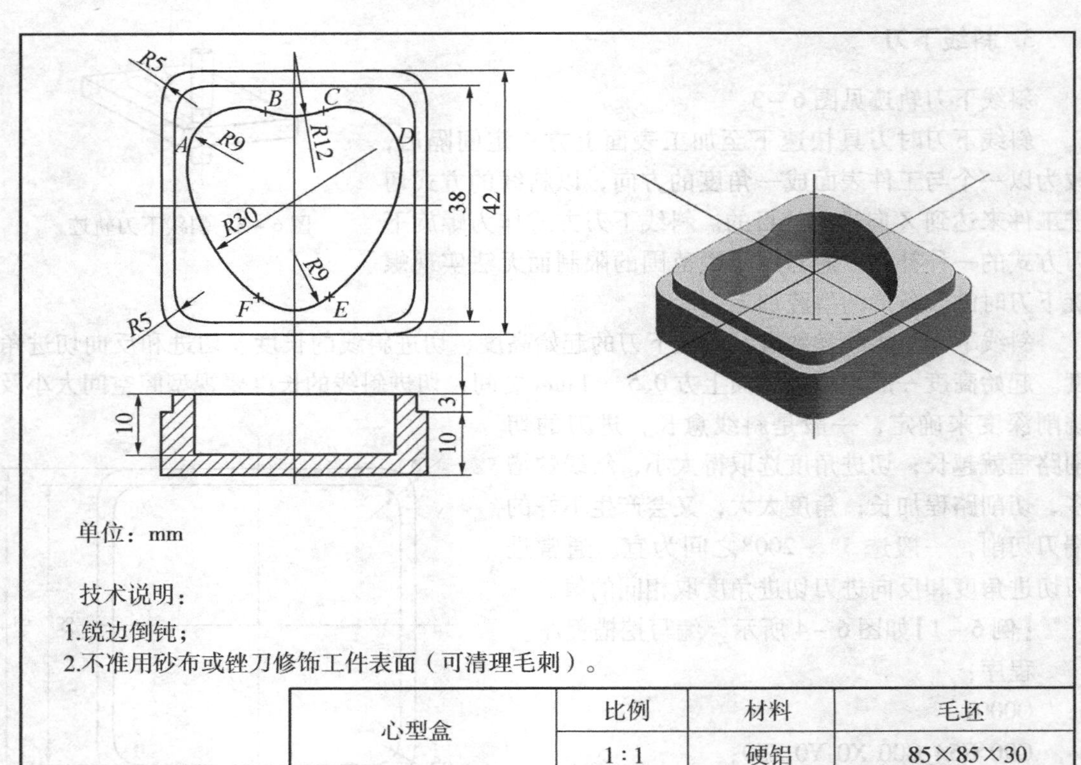

各点坐标：$A(-16.82, 5.38)$；$B(-4.5, 14.74)$；$C(4.5, 14.74)$；$D(16.82, 5.38)$；$E(5.57, -14.82)$；$F(-5.57, -14.82)$。

项目七

钻孔加工

项目引入

某公司急需在一小批教学模具凸模(零件尺寸如 C5 图纸所示)上钻孔，数量为 70 件。现将订单委托我校数控车间协助解决，该零件要使用数控铣床加工。已知毛坯材料为硬铝，毛坯尺寸为 45 mm × 45 mm × 16 mm，生产类型为单件小批量。本次课程主要学习凸模上孔的加工，同学们分成若干小组并选出小组长，每组 4 ～ 5 人，在专业老师的指导下，利用车间现有的条件，以小组合作的形式完成任务。

项目任务及要求

按图纸 C5 的要求加工凸模孔。

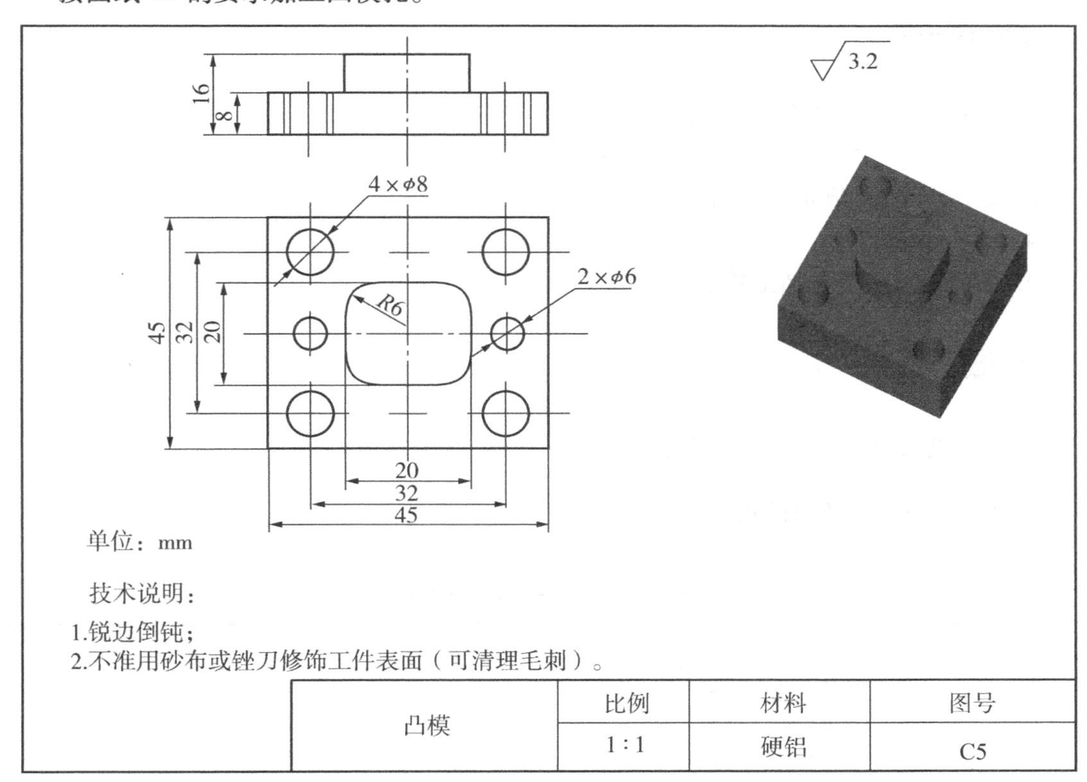

凸模	比例	材料	图号
	1 : 1	硬铝	C5

学习目标

知识目标

- 了解钻孔铣削的特点。
- 读懂凸模零件图，准备相关加工工艺。
- 掌握 G81、G83、G73 指令的格式。

技能目标

- 掌握数控铣床钻孔的加工方法、加工工艺。
- 掌握凸模钻孔的编程方法、检测方法。

情感目标

- 培养学生沟通能力、小组合作精神及安全文明生产职业素养。

项目实施过程

想一想

1. 凸模上的各个孔有什么特点？
2. 要完成这个项目需要哪些刀具、量具？
3. 零件图 C5 上孔的加工方法是什么？
4. 钻头如何对刀？
5. 如何编写多个孔加工的程序？

做一做

根据图纸 C5 的要求加工该模孔。

1. 根据图纸 C5 分析(见表 7－1)

表 7－1　项目七图纸 C5 分析

分析项目	分析内容
标题栏信息	零件名称：凸模 零件材料：硬铝 毛坯规格：45 mm×45 mm×16 mm
零件形体	零件主要结构：凸模上有 6 个孔要加工，精度要求较高

续表 7－1

分析项目	分析内容
零件的公差	零件公差要求是：下偏差为 0.08 mm，上偏差为 0
表面粗糙度	零件加工表面粗糙度是：$Ra3.2\ \mu m$
其他技术要求	零件其他技术要求：锐边倒钝、不准用砂布或锉刀修饰工件表面（可清理毛刺）

2. 刀具选用及参数（见表 7－2）

表 7－2　刀具选用及参数表

刀具号	刀具类型	刀具型号	主轴转速 r/min	进给速度 mm/min
T01	中心钻	$\phi 4$	800	800
T02	钻头	$\phi 6$	1200	300
T03	钻头	$\phi 8$	1200	300

3. 量具选用

（1）游标卡尺（详见附录）。
（2）外径千分尺（详见附录）。

4. 加工思路（供参考，可按照实际讨论修改）

（1）用中心钻钻底孔，仿真验证如图 7－1 所示。

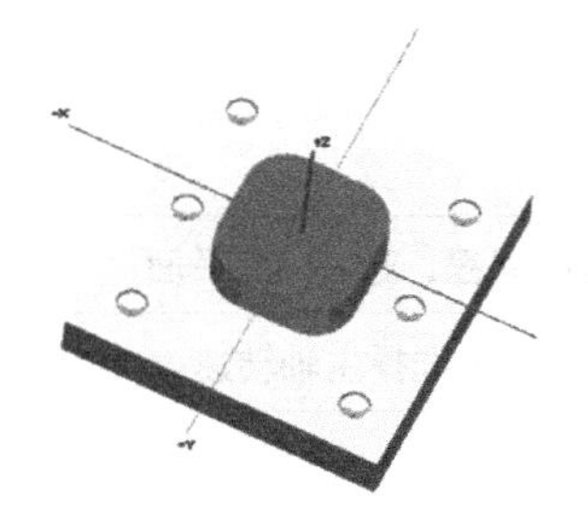

图 7－1　仿真验证图

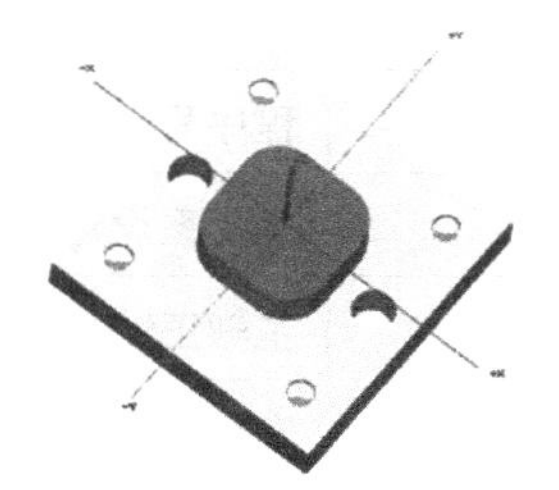

图 7－2　仿真验证图

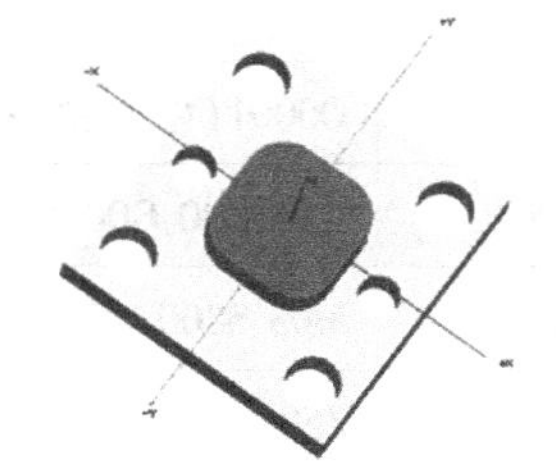

图 7－3　仿真验证图

（2）$\phi 6$ 麻花钻钻孔，仿真验证如图 7－2 所示。
（3）$\phi 8$ 麻花钻钻孔，仿真验证如图 7－3 所示。

5. 填写工序卡（供参考，可按照实际讨论修改）

在接受凸模钻孔加工任务时，应先分析图纸尺寸精度、特征及要求，选择恰当的材料和刀具、量具后，再填写加工工序卡，见表 7－3。

表 7－3　项目七凸模加工工序卡

<table>
<tr><td colspan="3" rowspan="2">项目七工序卡
凸模加工</td><td colspan="2">零件图号</td><td>零件名称</td><td>材料</td><td>日期</td></tr>
<tr><td colspan="2">C5</td><td>凸模</td><td>硬铝</td><td></td></tr>
<tr><td colspan="2">车　　间</td><td>使用设备</td><td colspan="2">设备使用情况</td><td colspan="2">程序编号</td><td>操作者</td></tr>
<tr><td colspan="2">数控铣床实训中心</td><td>FANUC OI 数控铣床</td><td colspan="2">正常</td><td colspan="2">（自定）</td><td></td></tr>
<tr><td>工步号</td><td>工　步　内　容</td><td>刀具号</td><td>刀具规格</td><td>主轴转速 r/min</td><td>进给速度 mm/min</td><td>切削深度 mm</td><td></td></tr>
<tr><td>1</td><td>装夹零件毛坯，对刀</td><td>T01</td><td>ϕ4 中心钻</td><td>800</td><td>手动</td><td></td><td></td></tr>
<tr><td>2</td><td>钻底孔</td><td>T01</td><td>ϕ4 中心钻</td><td>1200</td><td>300</td><td>0.2</td><td></td></tr>
<tr><td>3</td><td>钻 ϕ6 孔</td><td>T02</td><td>ϕ6 麻花钻</td><td>800</td><td>300</td><td>0.2</td><td></td></tr>
<tr><td>4</td><td>钻 ϕ8 孔</td><td>T03</td><td>ϕ8 麻花钻</td><td>800</td><td>800</td><td>0.2</td><td></td></tr>
<tr><td>编　制</td><td></td><td>审　核</td><td></td><td>批　准</td><td></td><td>共　　页</td><td>第　　页</td></tr>
</table>

说明：合理选择该零件工件坐标原点，确定走刀路线，根据该零件的加工要求编制程序清单，并完成相应卡片的填写。

6. 编写本项目的加工程序（仅供参考）

运用 G81、G83 及 G73 指令编写本项目零件图的数控铣削加工程序，见表 7－4。

表 7－4　凸模零件加工程序

<table>
<tr><td colspan="3">数控加工程序清单</td><td>零件图号</td><td>零件名称</td></tr>
<tr><td>姓名</td><td>班级</td><td>成绩</td><td rowspan="2">C5</td><td rowspan="2">凸模</td></tr>
<tr><td></td><td></td><td></td></tr>
</table>

序号	程　　序	说　　明
	O0001（中心钻）；	程序号
N0010	G54 G90 G00 X16 Y16；	坐标系设定；绝对坐标编程，选择 *XY* 平面
N0020	M03 S800/1200；	主轴正转，根据粗、精加工选择主轴转速
N0030	Z50；	安全高度
N0040	G98 G81 Z－3 R3 F80；	钻孔，深度为 3 mm
N0050	X－16；	钻孔
N0060	X16；	钻孔
N0080	Y0；	钻孔
N0080	X0；	钻孔
N0090	G80 M05；	钻孔循环结束
N0100	G91 G28 Y0 Z0；	

续表 7－4

序号	程　　序	说　　明
N0110	M30；	程序结束，状态复位
N0120	O3013（ ϕ6 钻头）；	程序号
N0130	G54 G90 G00 X16 Y16；	坐标系设定；绝对坐标编程，选择 *XY* 平面
N0140	G43 Z50 H03 S850 M03；	刀具长度补偿
N0150	G98 G81 Z－15 R3 F80；	
N0160	X－16；	
N0170	Y0；	
N0180	Y－16；	
N0190	X16；	
N0200	Y0；	
N0210	X0；	
N0220	G80 M05；	
N0230	G91 G28 Y0 Z0；	
N0240	M30；	程序结束，状态复位

项目检查与评价

实训报告表

<table>
<tr><td>项目名称</td><td colspan="5"></td><td>实训课时</td><td></td></tr>
<tr><td>姓名</td><td></td><td>班级</td><td></td><td>学号</td><td></td><td>日期</td><td></td></tr>
<tr><td>学习过程</td><td colspan="7">(1)中心钻如何对刀？
(2)在加工的时候，遇到的难题是什么？你觉得要注意什么？
(3)简要写下完成本项目的加工过程。</td></tr>
<tr><td>心得体会</td><td colspan="7">(1)通过本项目，你学到了什么？
(2)工件做出来的效果如何？有哪些不足，需要改进的地方在哪里？获得了什么经验？</td></tr>
</table>

检查评价表

序号	检测的项目	分值	自我测评		小组长测评		教师测评	
			结果	得分	结果	得分	结果	得分
1	ϕ8 孔径尺寸	30						
2	各孔间距尺寸精度	30						
3	各表面粗糙度 $Ra3.2\ \mu m$	20						
4	机床保养，工刀量具摆放	10						
5	安全操作情况	10						
合计		100						
本项目总成绩（=自评30%+小组长评30%+教师评40%）								

指令知识加油站

练一练

1. 钻孔指令 G81，刀具轨迹如图 7－4 所示

格式：G99/G98 G81 X ____ Y ____ Z ____ R ____ F ____

说明：

G98：刀具退回时直接返回到初始平面；

G99：刀具退回时只返回到转换点 R 所在的平面；

具体操作如图 7－4 所示。

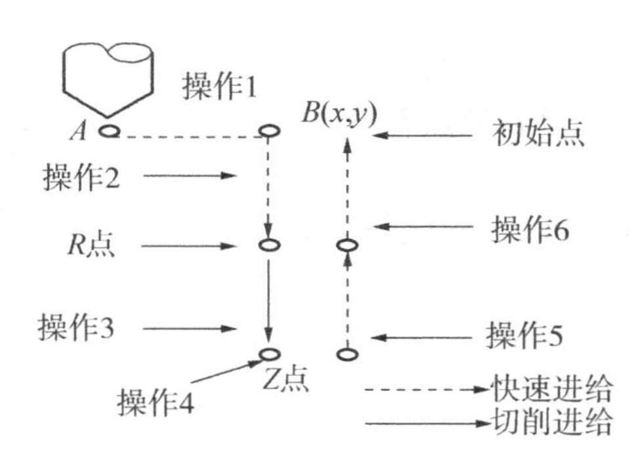

图 7－4　G81 刀具轨迹

【例 7－1】如图 7－5 所示，编写钻孔程序。

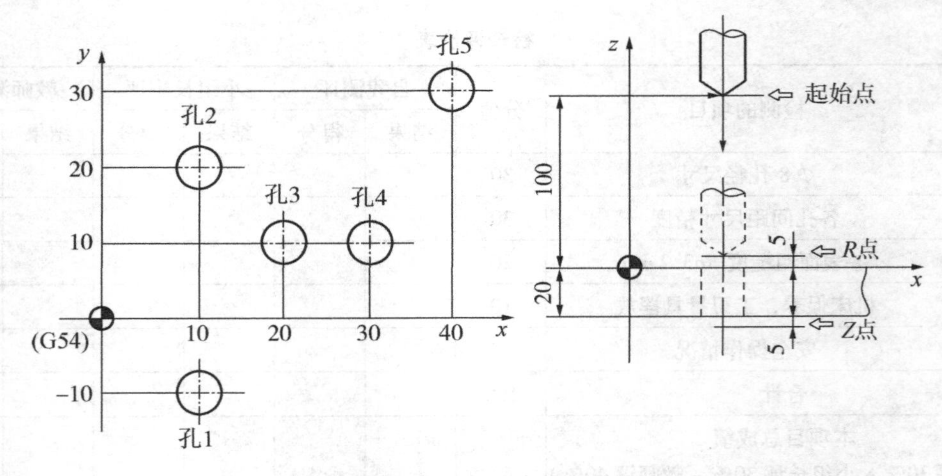

图 7－5　G81 指令的编程

程序：

```
O1111;
G90 G54 G00 X0 Y0 Z100 S200 M03;
G98 G81 X10 Y－10 Z－30 R5 F150;
Y30;
X10 Y－10;
X10;
G98 X10 Y20;
G80 X－40 Y－30 M05;
M30;
```

2. 断屑式深孔加工循环指令 G73

格式：G98/G99 G73 X ____Y ____Z ____R ____Q ____K ____F____

说明：

G98：刀具退回时直接返回到初始平面；

G99：刀具退回时只返回到转换点 *R* 所在的平面；

X、Y：待加工孔的位置；

Z：孔底坐标值（若是通孔，则钻尖应超出工件底面）；

R：参考点的坐标值（*R* 点高出工件顶面 2～5mm）；

Q：每一次的加工深度；

K：每次退刀距离；

F：加工进给速度。

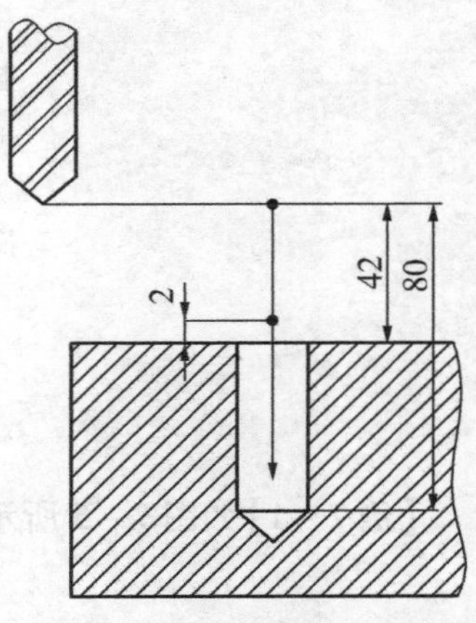

图 7－6　G73 指令的编程

【例 7－2】使用 G73 指令编制如图 7－6 所示深孔加工程序，设刀具起点距工件上表面 42mm，距孔底 80mm，在距工件上表面 2mm 处（*R* 点）由快进转换为工进，每次进给深度 10mm，每次退刀距离 5mm。

```
O4190
G90 G54 G00 X0 Y0 M03 S600;                         设置刀具起点，主轴正转，绝对值编程
Z80;                                                深孔加工，返回初始平面
G91 G98 G73 X100 R-40 P2 Q-10 K5 Z-80 F200;         每次切深10 mm，退5 mm
G00 X0 Y0 G80;                                      返回起点，取消钻孔循环
M05 M30;                                            程序结束
```

拓展项目

练一练

1. 使用 G73 指令编写钻凸模上孔的程序。
2. 使用 G83 指令编写钻凸模上孔的程序。

项目八

镜像铣削加工

项目引入

某公司急需一小批教学模具模芯块(零件尺寸如C6图纸所示)，数量为50件。现将订单委托我校数控车间协助解决，该零件要使用数控铣床加工。已知毛坯材料为硬铝，毛坯尺寸为75 mm×85 mm×20 mm，生产类型为单件小批量。本次课程主要学习模芯块凸台的加工，同学们分成若干小组并选出小组长，每组4～5人，在专业老师的指导下，利用车间现有的条件，以小组合作的形式完成任务。

项目任务及要求

按图纸C6的要求加工模芯块。

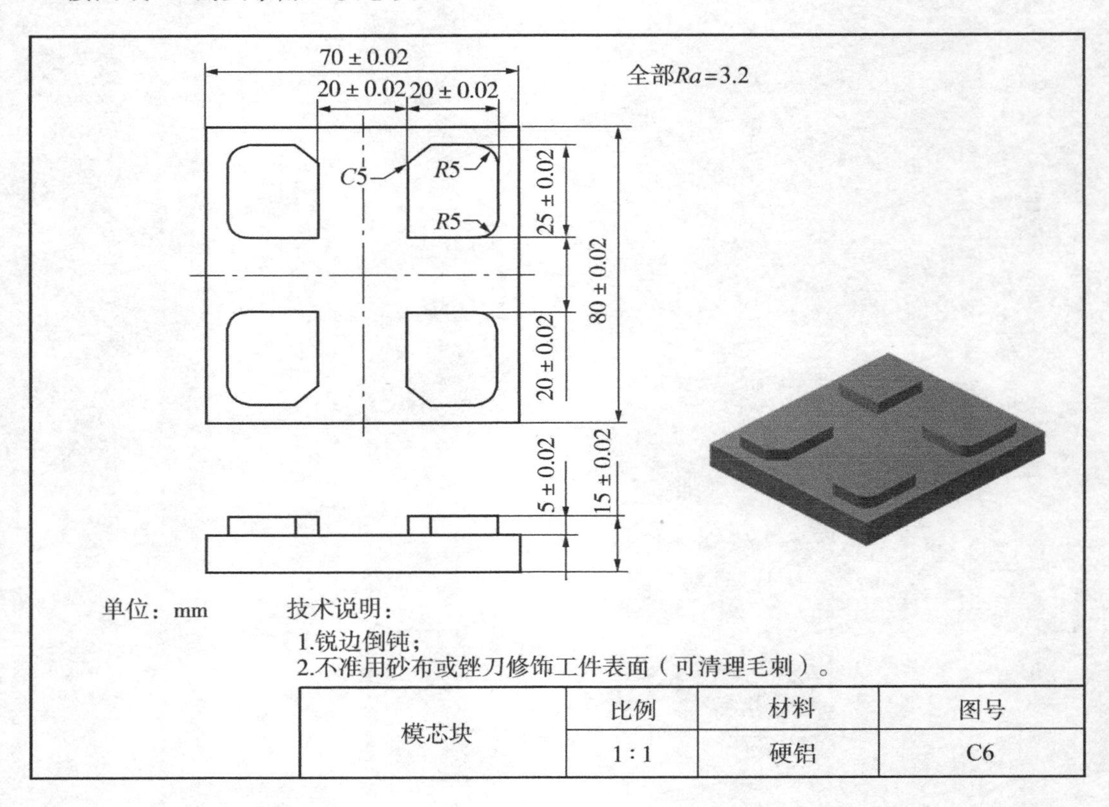

模芯块	比例	材料	图号
	1∶1	硬铝	C6

学习目标

知识目标

- 了解镜像功能的特点。
- 读懂模芯块零件图，准备相关加工工艺。
- 掌握 G50.1、G51.1 指令的格式。
- 掌握 G50.1、G51.1 指令在镜像特征零件上的编程使用。

技能目标

- 掌握数控铣床铣削对称形状的加工方法、加工工艺。
- 掌握模芯块的编程方法、检测方法。

情感目标

- 培养学生积极的学习态度并强化学生的学习兴趣。

项目实施过程

想一想

1. 模芯块上端的四个凸台有什么特点？
2. 要完成这个项目需要哪些刀具、量具？
3. 零件图 C6 上端四个凸台的加工方法是什么？
4. 数控铣床的对刀操作方法是什么？
5. 加工本项目要用到什么编程指令？如何编写上端四个凸台的加工程序？

做一做

根据图纸 C6 的要求加工模芯块。

1. 根据图纸 C6 分析(见表 8－1)

表 8－1　项目八图纸 C6 分析

分析项目	分析内容
标题栏信息	零件名称：模芯块 零件材料：硬铝 毛坯规格：75 mm × 85 mm × 20 mm

续表 8－1

分析项目	分析内容
零件形体	零件主要结构：模芯块主要有上端的四个凸台和下端的方形底座
零件的公差	零件公差要求是：模芯各个尺寸公差都为 ±0.02 mm
表面粗糙度	零件加工表面粗糙度是：*Ra*3.2μm
其他技术要求	零件其他技术要求：锐边倒钝、不准用砂布或锉刀修饰工件表面(可清理毛刺)

2. 刀具选用及参数(见表 8－2)

表 8－2　刀具选用及参数表

刀具号	刀具类型	刀具型号	主轴转速 r/min	进给速度 mm/min
T01	平底铣刀	D16	800、1200	800、300

3. 量具选用

(1)游标卡尺(详见附录)。
(2)外径千分尺(详见附录)。

4. 加工思路(仅供参考，可按照实际讨论修改)

先加工出方形底座，然后装夹底座加工四个凸台，方形底座加工可参考前面章节，本章节主要介绍四个对称凸台的加工。

选用 D16 的平底立铣刀，粗加工切深为 1 mm，精加工切深为 0.2 mm。

如图 8－1 所示，为使刀具路径简短，在 *O* 点斜插下刀加工右上方凸台，刀具返回 *O* 点后利用镜像功能和子程序依次加工剩下的凸台。

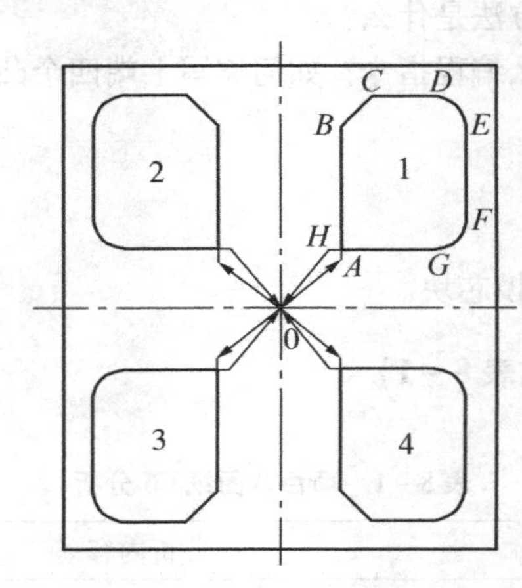

图 8－1　加工刀具路线

加工点坐标：*O*(0, 0)；*A*(10, 8)；*B*(10, 30)；*C*(15, 35)；*D*(25, 35)；*E*(30,

30)；*F*(30，15)；*G*(25，10)；*H*(8，10)。

5. 填写工序卡(仅供参考，可按照实际讨论修改)

在接受模芯块加工任务时，应先分析图纸尺寸精度、特征及要求，选择恰当的材料和刀具、量具后，再填写加工工序卡，见表8－3。

表8－3 项目八镜像模芯块加工工序卡

<table>
<tr><td colspan="4" rowspan="2">项目八工序卡
镜像模芯块加工</td><td>零件图号</td><td>零件名称</td><td>材料</td><td>日期</td></tr>
<tr><td>C6</td><td>模芯块</td><td>硬铝</td><td></td></tr>
<tr><td colspan="2">车　间</td><td>使用设备</td><td colspan="2">设备使用情况</td><td>程序编号</td><td colspan="2">操作者</td></tr>
<tr><td colspan="2">数控铣床实训中心</td><td>数控铣床</td><td colspan="2">正常</td><td>(自定)</td><td colspan="2"></td></tr>
<tr><td>工步号</td><td>工步内容</td><td>刀具号</td><td>刀具规格</td><td>主轴转速
r/min</td><td>进给速度
mm/min</td><td colspan="2">切削深度
mm</td></tr>
<tr><td>1</td><td>装夹零件毛坯，对刀</td><td>T01</td><td>D16平底铣刀</td><td>800</td><td>手动</td><td colspan="2"></td></tr>
<tr><td>2</td><td>精加工模芯块底平面</td><td>T01</td><td>D16平底铣刀</td><td>1200</td><td>300</td><td colspan="2">0.2</td></tr>
<tr><td>3</td><td>粗加工模芯块底座外形，留0.2 mm余量</td><td>T01</td><td>D16平底铣刀</td><td>800</td><td>800</td><td colspan="2">1</td></tr>
<tr><td>4</td><td>精加工模芯块底座外形，控制好尺寸</td><td>T01</td><td>D16平底铣刀</td><td>1200</td><td>300</td><td colspan="2">0.2</td></tr>
<tr><td>5</td><td>装夹零件毛坯，对刀</td><td>T01</td><td>D16平底铣刀</td><td>800</td><td>手动</td><td colspan="2"></td></tr>
<tr><td>6</td><td>粗加工模芯块上平面，控制总高尺寸，留0.2 mm余量</td><td>T01</td><td>D16平底铣刀</td><td>800</td><td>800</td><td colspan="2">1</td></tr>
<tr><td>7</td><td>精加工模芯块上平面，控制好尺寸</td><td>T01</td><td>D16平底铣刀</td><td>1200</td><td>300</td><td colspan="2">0.2</td></tr>
<tr><td>8</td><td>粗加工模芯块凸台部分，留0.2 mm余量</td><td>T01</td><td>D16平底铣刀</td><td>800</td><td>800</td><td colspan="2">1</td></tr>
<tr><td>9</td><td>精加工模芯块凸台部分，控制好尺寸</td><td>T01</td><td>D16平底铣刀</td><td>1200</td><td>300</td><td colspan="2">0.2</td></tr>
<tr><td>编　制</td><td></td><td>审　核</td><td></td><td>批　准</td><td></td><td>共　　页</td><td>第　　页</td></tr>
</table>

说明：合理选择该零件工件坐标原点，确定走刀路线，根据该零件的加工要求编制程序清单，并完成相应卡片的填写。

6. 编写凸台部分的加工程序(仅供参考)

运用G51.1及G50.1指令编写本项目零件图凸台部分的数控铣削加工程序，见表8－4、表8－5。

表 8－4　模芯块凸台加工主程序

<table>
<tr><td colspan="3">数控加工程序清单</td><td>零件图号</td><td>零件名称</td></tr>
<tr><td>姓名</td><td>班级</td><td>成绩</td><td rowspan="2">C6</td><td rowspan="2">模芯块</td></tr>
<tr><td></td><td></td><td></td></tr>
<tr><td>序号</td><td colspan="2">程　序</td><td colspan="2">说　明</td></tr>
<tr><td></td><td colspan="2">O0001；</td><td colspan="2">程序号</td></tr>
<tr><td>N0010</td><td colspan="2">G90 G17 G54 G00 X0 Y0；</td><td colspan="2">坐标系设定；绝对坐标编程，选择 XY 平面，刀具快速定位至 X0、Y0</td></tr>
<tr><td>N0020</td><td colspan="2">M03 S800/1200；</td><td colspan="2">主轴正转，根据粗、精加工选择主轴转速</td></tr>
<tr><td>N0030</td><td colspan="2">Z50；</td><td colspan="2">安全高度</td></tr>
<tr><td>N0040</td><td colspan="2">Z10；</td><td colspan="2">快速到下刀深度（R 点）</td></tr>
<tr><td>N0050</td><td colspan="2">G01 Z0 F800/300 D01；</td><td colspan="2">根据粗、精加工选择进给速度，到工件上平面，调用 01 号刀补</td></tr>
<tr><td>N0060</td><td colspan="2">M98 P050002；</td><td colspan="2">调用 O0002 子程序 5 次</td></tr>
<tr><td>N0070</td><td colspan="2">G01 Z0；</td><td colspan="2">刀具抬升到 Z0 的位置</td></tr>
<tr><td>N0080</td><td colspan="2">G51. 1 X0；</td><td colspan="2">设定镜像编程，镜像轴为 X0</td></tr>
<tr><td>N0090</td><td colspan="2">M98 P050002；</td><td colspan="2">调用 O0002 子程序 5 次</td></tr>
<tr><td>N0100</td><td colspan="2">G50. 1 X0；</td><td colspan="2">取消镜像轴 X0</td></tr>
<tr><td>N0120</td><td colspan="2">G01 Z0；</td><td colspan="2">刀具抬升到 Z0 的位置</td></tr>
<tr><td>N0130</td><td colspan="2">G51. 1 X0 Y0；</td><td colspan="2">设定镜像编程，镜像轴为 X0、Y0</td></tr>
<tr><td>N0140</td><td colspan="2">M98 P050002；</td><td colspan="2">调用 O0002 子程序 5 次</td></tr>
<tr><td>N0150</td><td colspan="2">G50. 1 X0 Y0；</td><td colspan="2">取消镜像轴 X0、Y0</td></tr>
<tr><td>N0160</td><td colspan="2">G01 Z0；</td><td colspan="2">刀具抬升到 Z0 的位置</td></tr>
<tr><td>N0170</td><td colspan="2">G51. 1 Y0；</td><td colspan="2">设定镜像编程，镜像轴为 Y0</td></tr>
<tr><td>N0180</td><td colspan="2">M98 P050002；</td><td colspan="2">调用 O0002 子程序 5 次</td></tr>
<tr><td>N0190</td><td colspan="2">G50. 1 Y0；</td><td colspan="2">取消镜像轴 Y0</td></tr>
<tr><td>N0200</td><td colspan="2">G00 Z50；</td><td colspan="2">回安全位置</td></tr>
<tr><td>N0210</td><td colspan="2">M05；</td><td colspan="2">主轴停</td></tr>
<tr><td>N0220</td><td colspan="2">M30；</td><td colspan="2">程序结束，状态复位</td></tr>
</table>

表 8-5 本项目凸台加工子程序

数控加工程序清单			零件图号	零件名称
姓名	班级	成绩	C6	模芯块

序号	程　序	说　明
	O0002;	程序号
N0010	G41 G91 G01 X10 Y8 Z-1;	建立左刀补，相对坐标编程，刀具直线切削至 A 点
N0020	G90 Y30;	绝对坐标编程，$A \to B$
N0030	X15 Y35;	$B \to C$
N0040	X25;	$C \to D$
N0050	G02 X30 Y30 R5;	$D \to E$
N0060	G01 Y15;	$E \to F$
N0070	G02 X25 Y10 R5;	$F \to G$
N0080	G01 X8;	$G \to H$
N0090	G40 X0 Y0;	取消刀补，刀具直线切削至 O 点
N0100	M99;	子程序结束

项目检查与评价

实训报告表

<table>
<tr><td>项目名称</td><td colspan="5"></td><td>实训课时</td><td></td></tr>
<tr><td>姓名</td><td></td><td>班级</td><td></td><td>学号</td><td></td><td>日期</td><td></td></tr>
<tr><td>学习过程</td><td colspan="7">(1)操作过程中是否遵守安全文明操作?
(2)在加工的时候,遇到的难题是什么?你觉得要注意什么?
(3)简要写下完成本项目的加工过程。</td></tr>
<tr><td>心得体会</td><td colspan="7">(1)通过本项目,你学到了什么?
(2)工件做出来的效果如何?有哪些不足,需要改进的地方在哪里?获得了什么经验?</td></tr>
</table>

检查评价表

序号	检测的项目	分值	自我测评		小组长测评		教师测评	
			结果	得分	结果	得分	结果	得分
1	表面粗糙度 *Ra*3.2 μm	10						
2	模芯块长度 70 mm ±0.02 mm	10						
3	模芯块宽度 80 mm ±0.02 mm	10						
4	模芯块凸台长度 20 mm ±0.02 mm	10						
5	模芯块凸台宽度 25 mm ±0.02 mm	10						
6	模芯块凸台高度 5 mm ±0.02 mm	10						
7	模芯块总高 15 mm ±0.02 mm	10						
8	凸台间距 20 mm ±0.02 mm	10						
9	机床保养，工刃量具摆放	10						
10	安全操作情况	10						
合计		100						
本项目总成绩（=自评 30% +小组长评 30% +教师评 40%）								

指令知识加油站

学一学

1. 镜像功能指令 G51.1、G50.1

G51.1 指令是建立镜像编程，G50.1 指令是取消镜像编程。

指令格式：G51.1　X ____　Y ____　Z ____

　　　　　G50.1　X ____　Y ____　Z ____

说明：(1) X、Y、Z：镜像轴位置；

(2) 当使用增量方式时，X ____ Y ____ Z ____为镜像轴相对于起始点的增量坐标。

注意：(1) 镜像功能指令一般用于加工相对于某一轴的对称形状；

(2) 在镜像功能中，当某一个坐标轴的镜像有效时，该坐标轴执行与编程方向相反的切削运动；

(3) G17 指令后的镜像指令，只能在 *XY* 平面上镜像；在 G18 指令后的镜像指令，只能在 *XZ* 平面上镜像；在 G19 指令后的镜像指令，只能在 *YZ* 平面上镜像；

(4) G50.1、G51.1 为模态功能，G51.1 镜像加工完成后，要用指令 G50.1 来取消这一次的镜像。

【例 8-1】如图 8-2 所示，外形 A 与外形 B 对称，对称轴为 *X*0，外形 A 的子程序 O0002，用镜像功能指令完成外形 B 的程序段编写。

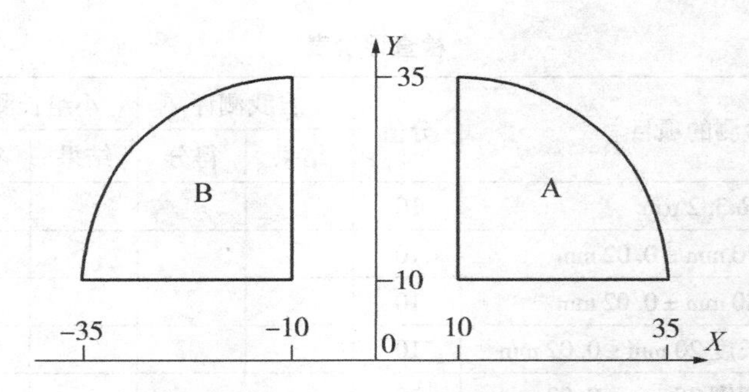

图 8－2　G51.1 指令的编程

外形 B 程序段：

G51.1 X0	建立镜像编程，镜像轴为 *X*0；
M98 P010002	调用子程序 O0002 一次；
G50.1 X0	取消镜像轴为 *X*0 的镜像编程。

拓展项目

练一练

1. 下图为某企业生产的零件图，编写该零件上表面的加工程序。

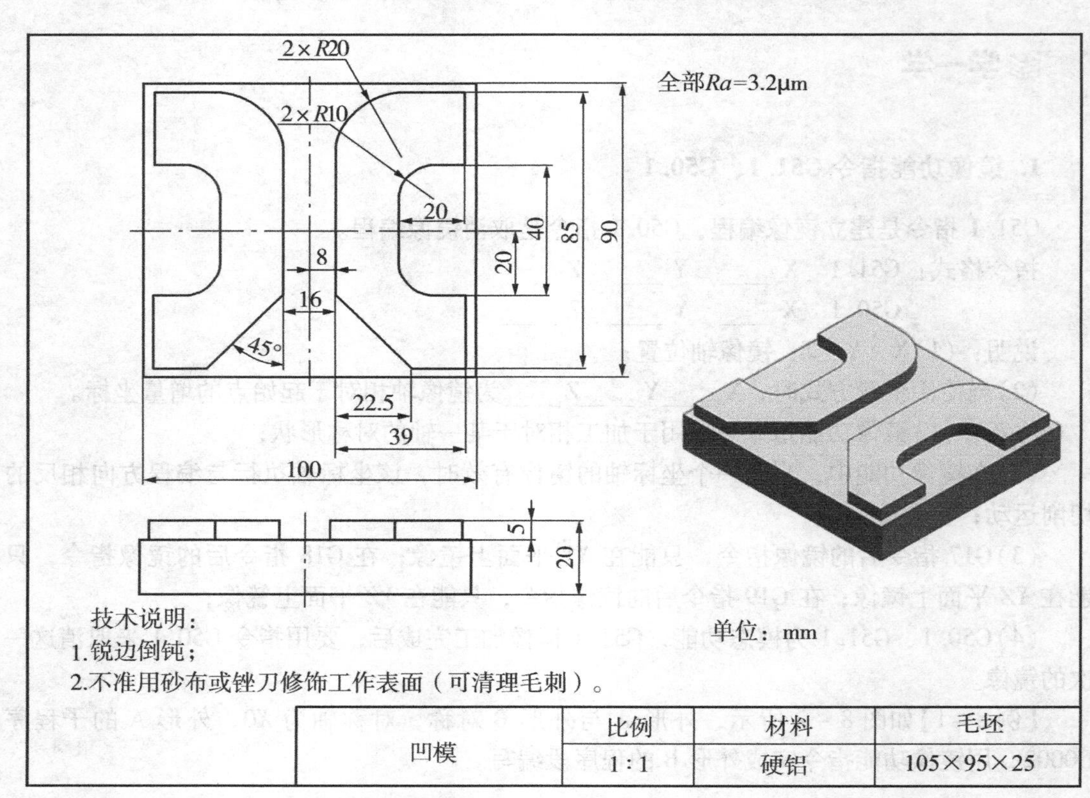

项目九

旋转加工

项目引入

某公司急需一小批教学模具模芯块(零件尺寸如C7图纸所示)，数量为50件。现将订单委托我校数控车间协助解决，该零件要使用数控铣床加工。已知毛坯材料为硬铝，毛坯尺寸为55 mm×55 mm×20 mm，生产类型为单件小批量。根据零件的特征，本次课程主要学习旋转变换编程，同学们分成若干小组并选出小组长，每组4～5人，在专业老师的指导下，利用车间现有的条件，以小组合作的形式完成任务。

项目任务及要求

按图纸C7的要求加工模芯块。

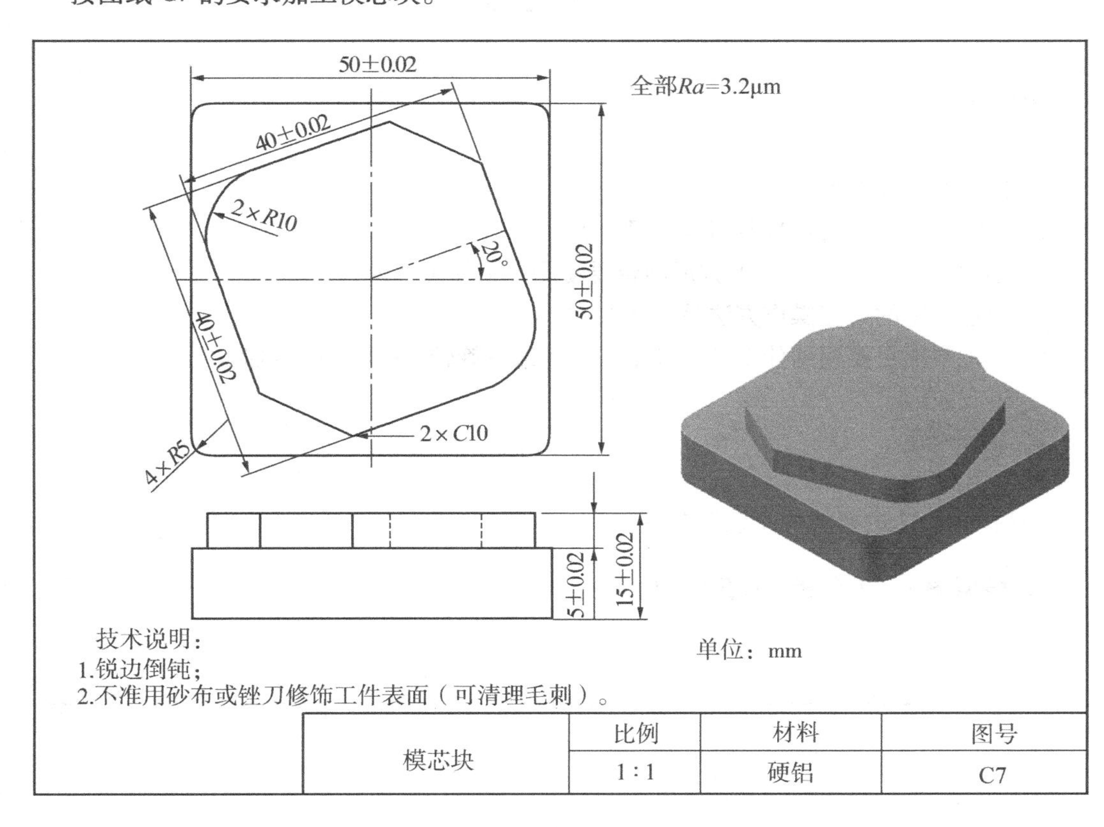

模芯块	比例	材料	图号
	1∶1	硬铝	C7

学习目标

知识目标

- 了解旋转变换加工的特点。
- 读懂模芯块零件图，准备相关加工工艺。
- 掌握 G68、G69 指令的格式。
- 掌握 G68、G69 指令在旋转特征零件上的编程使用。

技能目标

- 掌握数控铣床旋转变换的加工方法、加工工艺。
- 掌握模芯块的编程方法、检测方法。

情感目标

- 培养学生积极的学习态度并强化学生的学习兴趣。

项目实施过程

想一想

1. 模芯块有什么特点？
2. 要完成这项目需要哪些刀具、量具？
3. 零件图 C7 上端旋转 20°方形凸台要使用什么加工方法？
4. 数控铣床的对刀操作方法是什么？
5. 加工本项目要用到什么编程指令？如何编写旋转 20°方形凸台加工程序？

做一做

根据图纸 C7 的要求加工该模芯块。

1. 根据图纸 C7 分析(见表 9－1)

表 9－1　项目九图纸 C7 分析

分析项目	分析内容
标题栏信息	零件名称：模芯块 零件材料：硬铝 毛坯规格：55 mm×55 mm×20 mm

续表 9－1

分析项目	分析内容
零件形体	零件主要结构：模芯块由上端 40 mm × 40 mm 的凸台和下端 50 mm × 50 mm 的方形底座组成
零件的公差	零件公差要求是：模芯尺寸公差均为 ±0.02 mm
表面粗糙度	零件加工表面粗糙度是：*Ra*3.2 μm
其他技术要求	零件其他技术要求：锐边倒钝、不准用砂布或锉刀修饰工件表面(可清理毛刺)

2. 刀具选用及参数(见表 9－2)

表 9－2　刀具选用及参数表

刀具号	刀具类型	刀具型号	主轴转速 r/min	进给速度 mm/min
T01	平底铣刀	D16	800、1200	800、300

3. 量具选用

(1)游标卡尺(详见附录)。

(2)外径千分尺(详见附录)。

4. 加工思路(仅供参考，可按照实际讨论修改)

先加工底部的方形底座，然后重新装夹底座，加工上端的凸台。底座的加工可参考前面章节内容，本章节主要介绍凸台的加工。

选用 D16 的平底铣刀，粗加工切深为 1 mm，精加工切深为 0.2 mm，将凸台按图 9－1 所示编写子程序，然后在主程序中使用旋转变换指令，以原点为旋转中心点旋转 20°完成加工。

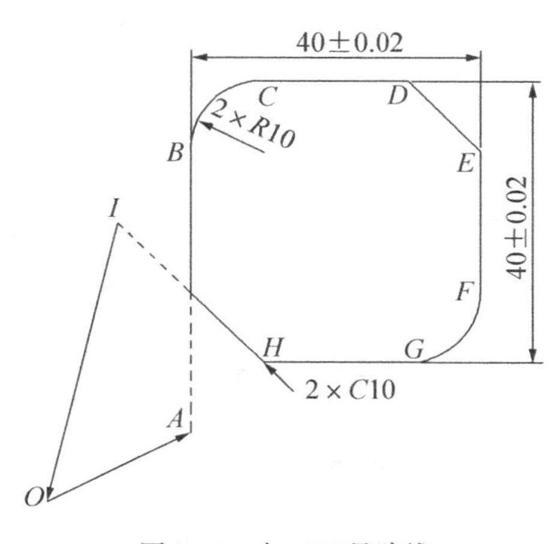

图 9－1　加工刀具路线

加工点坐标：

$O(-40, -40)$；$A(-20, -30)$；$B(-20, 10)$；$C(-10, 20)$；$D(10, 20)$；$E(20, 10)$；$F(20, -10)$；$G(10, -20)$；$H(-10, -20)$；$I(-30, 0)$。

5. 填写工序卡(仅供参考，可按照实际讨论修改)

在接受模芯块加工任务时，应先分析图纸尺寸精度、特征及要求，选择恰当的材料和刀具、量具后，再填写加工工序卡，见表9-3。

表9-3　项目九模芯块旋转加工工序卡

项目九工序卡 模芯块旋转加工			零件图号 C7	零件名称 模芯块	材料 硬铝	日期
车　间	使用设备		设备使用情况	程序编号		操作者
数控铣床实训中心	数控铣床		正常	(自定)		
工步号	工　步　内　容	刀具号	刀具规格	主轴转速 r/min	进给速度 mm/min	切削深度 mm
1	装夹零件毛坯，对刀	T01	D16平底铣刀	800	手动	
2	精加工模芯块底部平面	T01	D16平底铣刀	1200	300	0.2
3	粗加工模芯块底座外形，留0.2 mm余量	T01	D16平底铣刀	800	800	1
4	精加工模芯块底座外形，控制好尺寸	T01	D16平底铣刀	1200	300	0.2
5	装夹零件毛坯，对刀	T01	D16平底铣刀	800	手动	
6	粗加工模芯块上平面，留0.2 mm余量	T01	D16平底铣刀	800	800	1
7	精加工模芯块上平面，保证总高，控制好尺寸	T01	D16平底铣刀	1200	300	0.2
8	粗加工模芯块凸台，留0.2 mm余量	T01	D16平底铣刀	800	800	1
9	精加工模芯块凸台，控制好尺寸	T01	D16平底铣刀	1200	300	0.2
编　制		审　核		批　准	共　页	第　页

说明：合理选择该零件工件坐标原点，确定走刀路线，根据该零件的加工要求编制程序清单，并完成相应卡片的填写。

6. 编写本项目的加工程序(仅供参考)

运用G68及G69指令编写本项目零件图凸台旋转加工的数控铣削加工程序，见表9-4、表9-5。

表 9－4 模芯块零件凸台旋转粗加工主程序

数控加工程序清单			零件图号	零件名称
姓名	班级	成绩	C7	模芯块

序号	程 序	说 明
	O0001;	程序号
N0010	G90 G17 G54 G00 X－40 Y－40;	坐标系设定，绝对坐标编程，选择 *XY* 平面，刀具快速定位至下刀点
N0020	M03 S800;	主轴以 800 r/min 速度正转
N0030	Z50;	刀具快速定位至安全高度
N0040	Z10;	快速定位至 *Z*10
N0050	G01 Z0 F800 D01;	以 800 mm/min 的进给速度直线切削至 *Z*0，调用刀补号 01
N0060	G68 X0 Y0 R20;	建立以(*X*0，*Y*0)为旋转中心点，逆时针旋转 20°的铣削加工编程
N0070	M98 P050002;	调用子程序 O0002 五次
N0080	G69;	取消旋转铣削编程
N0090	G00 Z50;	回安全位置
N0100	M05;	主轴停
N0120	M30;	程序结束，状态复位

表 9－5 模芯块零件凸台旋转加工子程序

数控加工程序清单			零件图号	零件名称
姓名	班级	成绩	C7	模芯块

序号	程 序	说 明
	O0002;	程序号
N0010	G91 G01 Z－1;	相对坐标编程，刀具直线切削，下刀 1 mm
N0020	G90 G41 X－20 Y－30;	绝对坐标编程，建立左刀补，刀具直线切削至 *A* 点
N0030	Y10;	*A*→*B*
N0040	G02 X－10 Y20 R10;	*B*→*C* 模芯块
N0050	G01 X10;	*C*→*D*

续表 9-5

序号	程　　序	说　明
N0060	X20 Y10；	*D*→*E*
N0070	X20 Y-10；	*E*→*F*
N0080	G02 X10 Y-20 R10；	*F*→*G*
N0090	G01 X-10；	*G*→*H*
N0100	X-30 Y0；	*H*→*I*
N0120	G40 X-40 Y-40；	取消刀补，*I*→*O*
N0130	M99；	子程序结束

项目检查与评价

实训报告表

<table>
<tr><td>项目
名称</td><td colspan="5"></td><td>实训
课时</td><td></td></tr>
<tr><td>姓名</td><td></td><td>班级</td><td></td><td>学号</td><td></td><td>日期</td><td></td></tr>
<tr><td>学习
过程</td><td colspan="7">(1)操作过程中是否遵守安全文明操作?

(2)在加工的时候，遇到的难题是什么?你觉得要注意什么?

(3)简要写下完成本项目的加工过程。</td></tr>
<tr><td>心得
体会</td><td colspan="7">(1)通过本项目，你学到了什么?

(2)工件做出来的效果如何?有哪些不足，需要改进的地方在哪里?获得了什么经验?</td></tr>
</table>

检查评价表

序号	检测的项目	分值	自我测评		小组长测评		教师测评	
			结果	得分	结果	得分	结果	得分
1	模芯块表面粗糙度 *Ra*3. 2 μm	10						
2	模芯块凸台长度 40 mm ±0. 02 mm	10						
3	模芯块凸台宽度 40 mm ±0. 02 mm	10						
4	模芯块底座长度 50 mm ±0. 02 mm	10						
5	模芯块底座宽度 50 mm ±0. 02 mm	10						
6	模芯块凸台高度 5 mm ±0. 02 mm	10						
7	模芯块总高 15 mm ±0. 02 mm	20						
8	机床保养，工刃量具摆放	10						
9	安全操作情况	10						
合计		100						
本项目总成绩 (= 自评 30% + 小组长评 30% + 教师评 40%)								

指令知识加油站

学一学

1. 旋转变换指令 G68、G69

G68 指令是将一个编程的图形进行旋转，相当于图形的实际加工位置相对于图形的编程位置旋转了某一个角度。

指令格式：G68　X____　Y____　R____

说明：(1)X、Y：旋转中心点的坐标；

(2)R：图形旋转的角度。

注意：(1)一般用于将一个编程的图形进行旋转；

(2)角度为正值时，表示逆时针方向旋转；角度为负值时，表示顺时针方向旋转；

(3)旋转角度可以为绝对值，也可以为增量值，当为增量值时，G69 指令是取消旋转变换。

指令格式：G69

说明：G68 指令使用完后需要用 G69 指令取消。

【例 9 - 1】如图 9 - 2 所示，图形①的子程序为 O0002，编写加工图形②和③的加工程序。

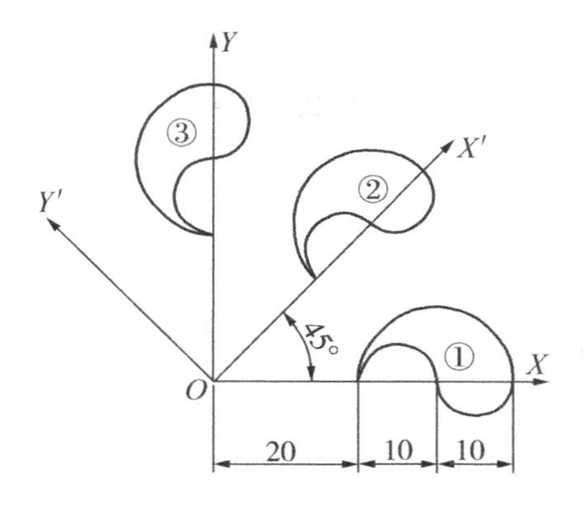

图 9－2　G68、G69 指令的编程

（1）图形②加工程序：

```
G68 X0 Y0 R45;
M98 P010002;
G69;
```

（2）图形③加工程序：

```
G68 X0 Y0 R90;
M98 P010002;
G69;
```

拓展项目

练一练

1. 下图为某企业生产的零件图，请按图编写该零件的加工程序。

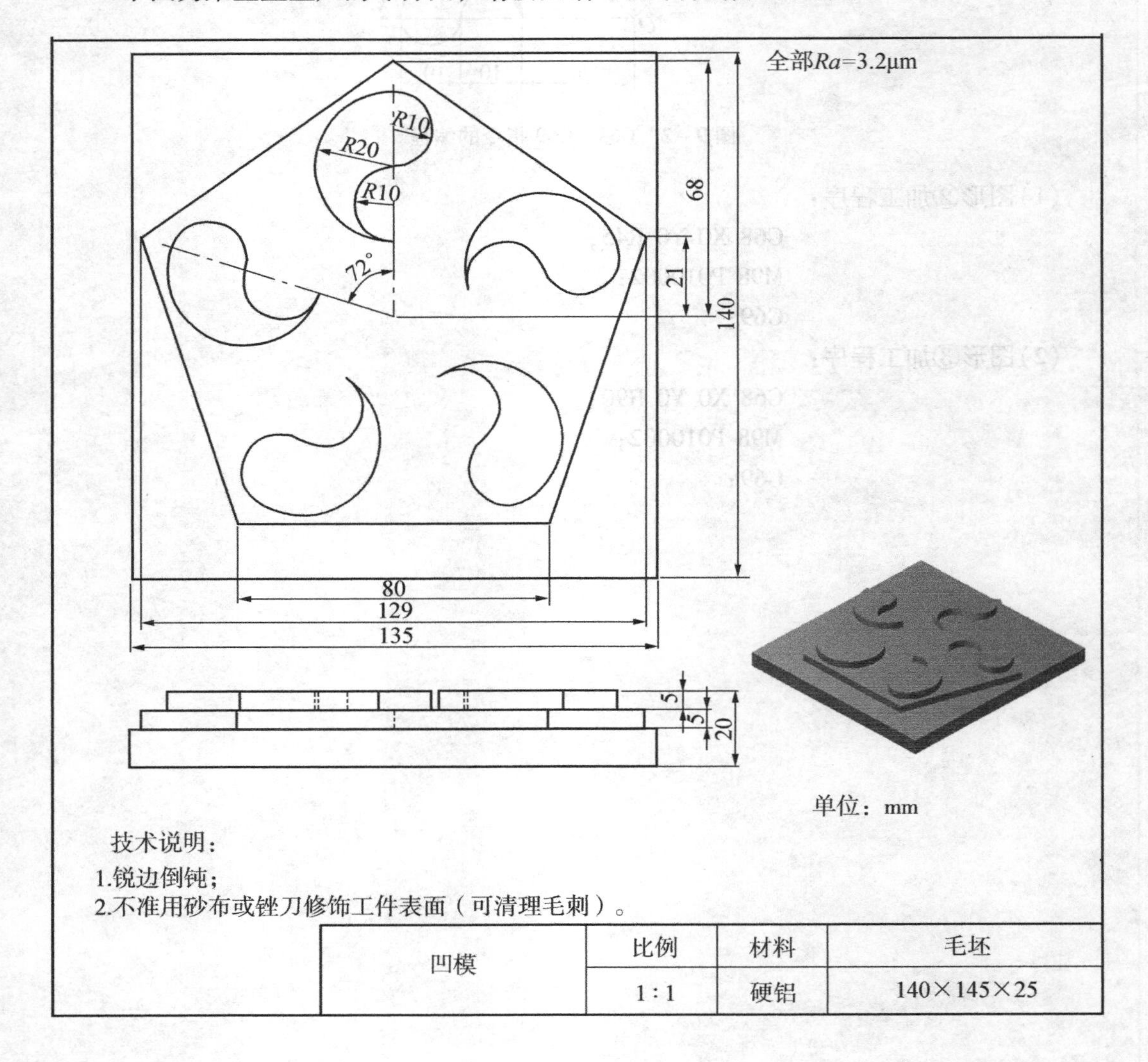

技术说明：

1.锐边倒钝；

2.不准用砂布或锉刀修饰工件表面（可清理毛刺）。

凹模	比例	材料	毛坯
	1∶1	硬铝	140×145×25

项目十

综合零件加工

项目引入

某公司急需一小批教学模具模芯块(零件尺寸如C8图纸所示)，数量为50件。现将订单委托我校数控车间协助解决，该零件要使用数控铣床加工。已知毛坯材料为硬铝，毛坯尺寸为55mm×55mm×25 mm，生产类型为单件小批量。本次课程主要学习具有多种形体特征的模芯块加工，同学们分成若干小组并选出小组长，每组4～5人，在专业老师的指导下，利用车间现有的条件，以小组合作的形式完成任务。

项目任务及要求

按图纸C8的要求加工模芯块。

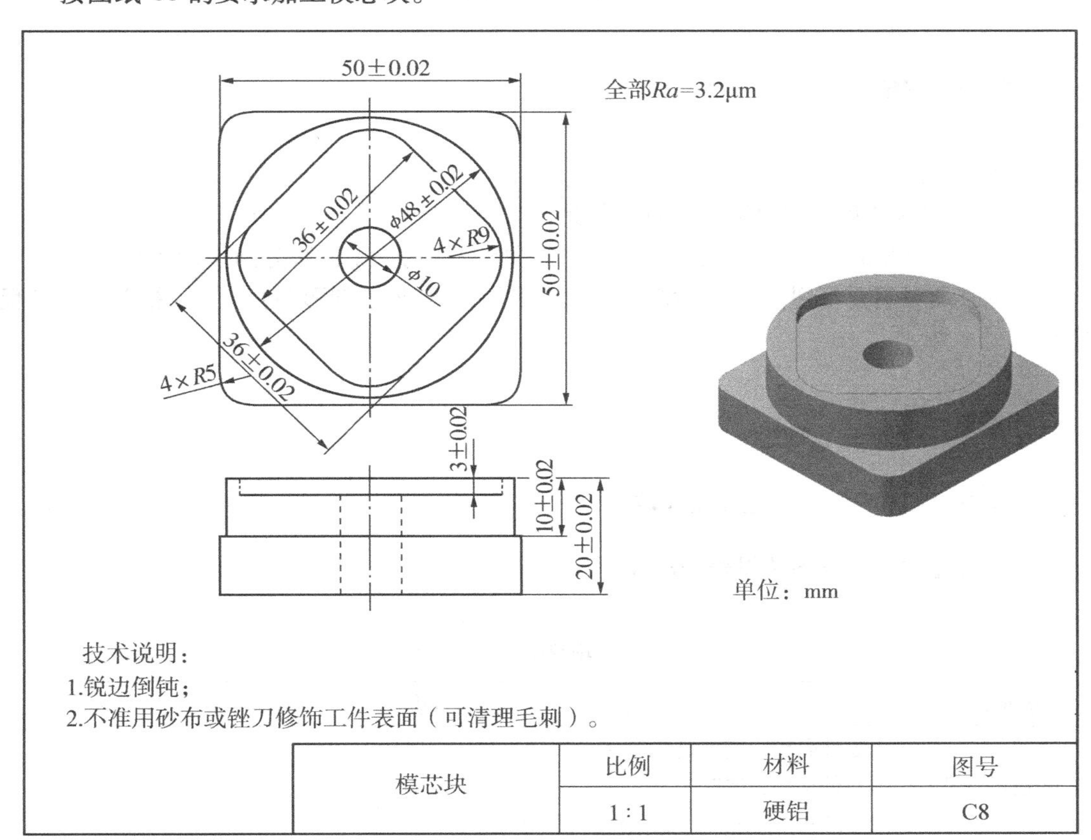

技术说明：
1.锐边倒钝；
2.不准用砂布或锉刀修饰工件表面（可清理毛刺）。

模芯块	比例	材料	图号
	1∶1	硬铝	C8

学习目标

知识目标

- 了解复杂零件的加工。
- 读懂模芯块零件图，准备相关加工工艺。
- 掌握常用编程指令的格式。
- 掌握常用编程指令的综合应用。

技能目标

- 掌握数控铣床复杂零件的加工方法、加工工艺。
- 掌握模芯块的编程方法、检测方法。

情感目标

- 培养学生沟通能力、小组合作精神及安全文明生产职业素养。

项目实施过程

想一想

1. 模芯块有什么特点？

2. 要完成这个项目需要哪些刀具、量具？

3. 零件图 C8 的方形底座、圆形凸台、方形槽及孔的加工方法分别是什么？

4. 加工本项目要用到什么编程指令？如何编写方形底座、圆形凸台、方形槽及孔加工程序？

做一做

根据图纸 C8 的要求加工该模芯块。

1. 根据图纸 C8 分析(见表 10－1)

表 10－1　项目十图纸 C8 分析

分析项目	分析内容
标题栏信息	零件名称：模芯块 零件材料：硬铝 毛坯规格：55 mm × 55 mm × 25 mm

续表 10－1

分析项目	分析内容
零件形体	零件主要结构：模芯块由 50 mm × 50 mm 的底座、ϕ48 的圆形凸台、36 mm × 36 mm 的槽、ϕ10 的孔组成
零件的公差	零件公差要求是：模芯尺寸公差为 ±0.02 mm
表面粗糙度	零件加工表面粗糙度是：Ra3.2 μm
其他技术要求	零件其他技术要求：锐边倒钝、不准用砂布或锉刀修饰工件表面(可清理毛刺)

2. 刀具选用及参数(见表 10－2)

表 10－2 刀具选用及参数表

刀具号	刀具类型	刀具型号	主轴转速 r/min	进给速度 mm/min
T01	平底铣刀	D16	800、1200	800、300
T02	中心钻	D3	1000	30
T03	麻花钻	D10	500	30

3. 量具选用

(1)游标卡尺(详见附录)。
(2)外径千分尺(详见附录)。

4. 加工思路(仅供参考，可按照实际讨论修改)

1)加工 55 mm × 55 mm 表面

如图 10－1 所示，选用 D16 的平底立铣刀，粗加工切深为 1 mm，精加工切深为 0.2 mm，往复走刀路径，仿真验证如图 10－2 所示。

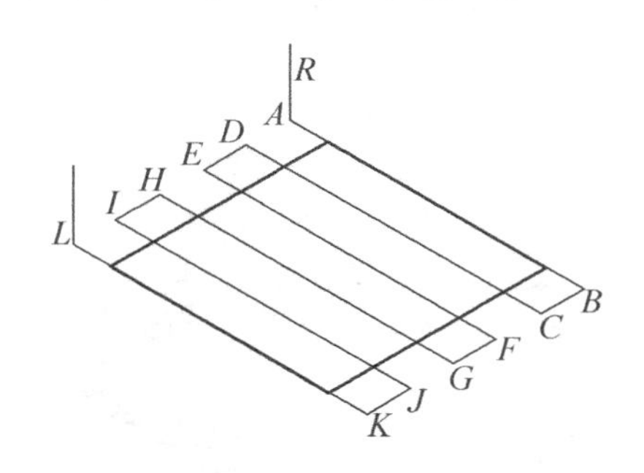

图 10－1 加工刀具路线

图 10－2 仿真验证图

2)加工 50 mm × 50 mm 外形

如图 10－3 所示，选用 D16 的平底立铣刀，粗加工切深为 1 mm，精加工切深为 0.2 mm，左刀补，顺铣，仿真验证如图 10－4 所示。

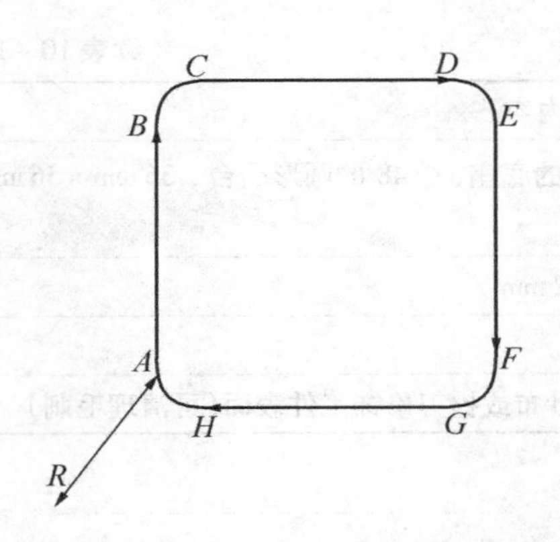

图 10－3　加工刀具路线

图 10－4　仿真验证图

3)加工 ϕ48 凸台

如图 10－5 所示，选用 D16 的平底立铣刀，粗加工切深为 1 mm，精加工切深为 0.2 mm，左刀补，顺铣，仿真验证如图 10－6 所示。

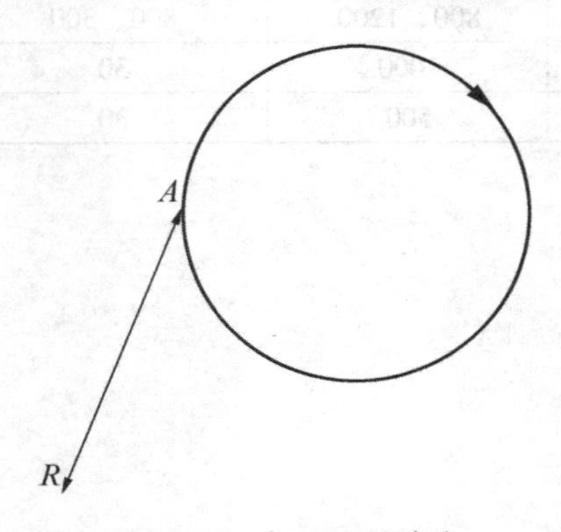

图 10－5　加工刀具路线

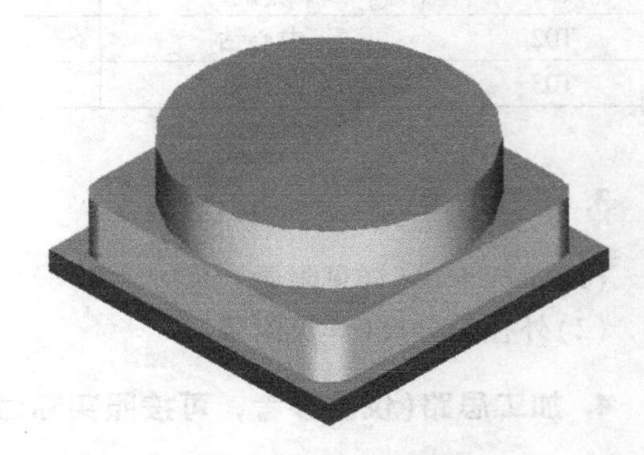

图 10－6　仿真验证图

4)加工 36 mm×36 mm 槽

如图 10－7 所示，选用 D16 的平底立铣刀，粗加工切深为 1 mm，精加工切深为 0.2 mm，左刀补，顺铣，仿真验证如图 10－8 所示。

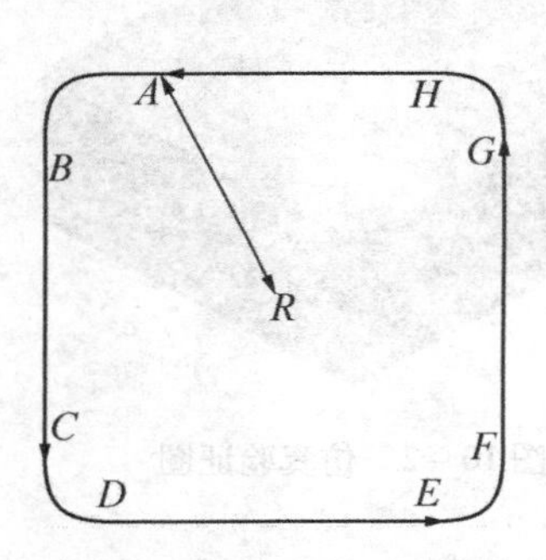

图 10－7　加工刀具路线

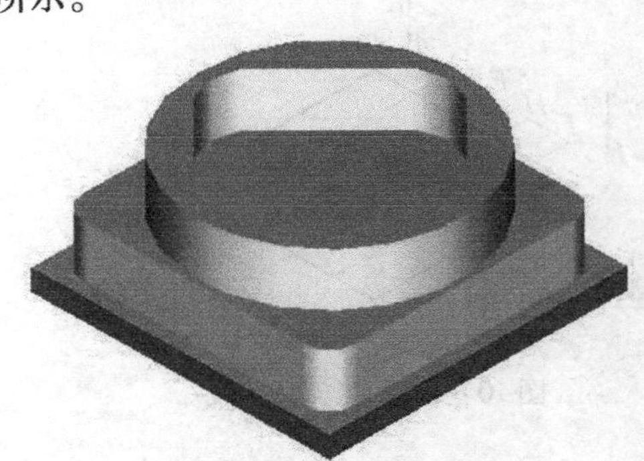

图 10－8　仿真验证图

5)加工 ϕ48 孔

先选用 D3 的中心钻加工 3 mm 深中心孔，然后选用 D10 的麻花钻加工通孔，仿真验证如图 10－9 所示。

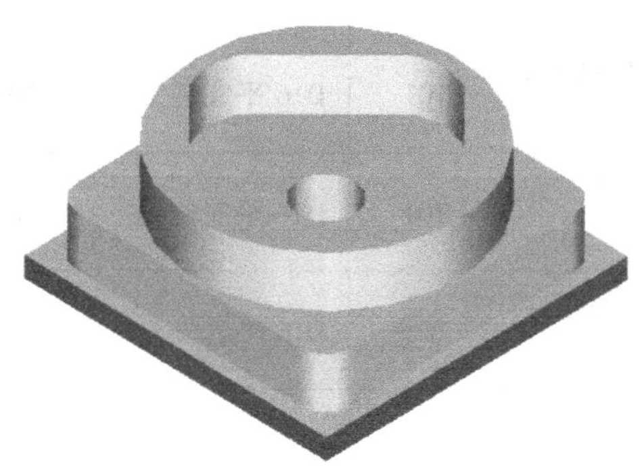

图 10－9 仿真验证图

5. 填写工序卡(仅供参考，可按照实际讨论修改)

在接受模芯块加工任务时，应先分析图纸尺寸精度、特征及要求，选择恰当的材料和刀具、量具后，再填写加工工序卡，见表 10－3。

表 10－3 项目十模芯块的综合加工工序卡

项目十工序卡 模芯块综合加工			零件图号	零件名称	材料	日期
			C8	模芯块	硬铝	
车　间	使用设备		设备使用情况	程序编号		操作者
数控铣床实训中心	数控铣床		正常	(自定)		
工步号	工　步　内　容	刀具号	刀具规格	主轴转速 r/min	进给速度 mm/min	切削深度 mm
1	装夹零件毛坯，对刀	T01	D16 平底铣刀	800	手动	
2	精加工模芯块底平面	T01	D16 平底铣刀	1200	300	0.2
3	粗加工模芯块底座外形，留 0.2 mm 余量	T01	D16 平底铣刀	800	800	1
4	精加工模芯块底座外形，控制好尺寸	T01	D16 平底铣刀	1200	300	0.2
5	装夹零件毛坯，对刀	T01	D16 平底铣刀	800	手动	
6	粗加工模芯块上平面，留 0.2 mm 余量	T01	D16 平底铣刀	800	800	1
7	精加工模芯块底平面，保证总高	T01	D16 平底铣刀	1200	300	0.2

续表 10－3

8	粗加工模芯块圆形凸台，留 0.2 mm 余量	T01	D16 平底铣刀	800	800	1
9	精加工模芯块圆形凸台，控制好尺寸	T01	D16 平底铣刀	1200	300	0.2
10	粗加工模芯块槽，留 0.2 mm余量	T01	D16 平底铣刀	800	800	1
11	精加工模芯块槽，控制好尺寸要求	T01	D16 平底铣刀	1200	300	0.2
12	换刀，对刀	T02	D3 中心钻	800	手动	
13	钻中心孔	T02	D3 中心钻	1000	30	
14	换刀，对刀	T03	D10 麻花钻	800	手动	
15	钻通孔	T03	D10 麻花钻	500	30	
编　制		审　核		批　准	共　页	第　页

说明：合理选择该零件工件坐标原点，确定走刀路线，根据该零件的加工要求编制程序清单，并完成相应卡片的填写。

6. 编写本项目的加工程序(仅供参考)

运用所学指令编写本项目 C8 图纸零件的数控铣削加工程序，见表 10－4～表 10－12。

表 10－4　C8 图纸零件平面加工程序

数控加工程序清单			零件图号	零件名称
姓名	班级	成绩	C8	模芯块
序号	程　序		说　明	
	O0001；		程序号	
N0010	G90 G17 G54 G00 X－40 Y28；		坐标系设定；绝对坐标编程，选择 *XY* 平面，刀具快速定位到坐标 X－40、Y28	
N0020	M03 S800/1200；		主轴正转，根据粗、精加工选择主轴转速	
N0030	Z50；		安全高度	
N0040	Z10；		快速到下刀深度(*R* 点)	
N0050	G01 Z0 F800/300；		根据粗、精加工选择进给速度，到加工深度(*A* 点)	
N0060	X40；		*A*→*B*	
N0070	Y16；		*B*→*C*	
N0080	X－40；		*C*→*D*	

续表 10－4

序号	程　　序	说　　明
N0090	Y4；	$D \to E$
N0100	X40；	$E \to F$
N0120	Y－8；	$F \to G$
N0130	X－40；	$G \to H$
N0140	Y－20；	$H \to I$
N0150	X40；	$I \to J$
N0160	Y－28；	$J \to K$
N0170	X－40；	$K \to L$
N0180	G00 Z50；	回安全位置
N0190	M05；	主轴停
N0200	M30；	程序结束，状态复位

表 10－5　C8 图纸零件底座加工主程序

数控加工程序清单			零件图号	零件名称
姓名	班级	成绩	C8	模芯块

序号	程　　序	说　　明
	O0002；	程序号
N0010	G90 G17 G54 G00 X－40 Y－40；	坐标系设定；绝对坐标编程，选择 *XY* 平面，刀具快速定位到坐标 X－40、Y－40
N0020	M03 S800；	主轴正转，转速 800 r/min
N0030	Z50；	安全高度
N0040	Z10；	快速到下刀深度
N0050	G01 Z0.2 F800 D01；	以 800 mm/min 的进给速度下刀到 Z0.2，调用粗加工刀补 D01
N0060	M98 P100003；	调用子程序 O0003 十次
N0070	G91 G01 Z0.8 F300 S1200 D02；	刀具向上抬高 Z0.8，使用精加工转速、进给，调用精加工刀补 D02
N0080	M98 P010003；	调用子程序 O0003 一次
N0090	G00 Z50；	回安全位置
N0100	M05；	主轴停
N0120	M30；	程序结束，状态复位

表 10-6　C8 图纸零件底座加工子程序

数控加工程序清单			零件图号	零件名称
姓名	班级	成绩	C8	模芯块
序号	程　　序		说　　明	
	O0003；		程序号	
N0010	G91 G01 Z-1；		相对坐标编程，刀具下刀 1 mm	
N0020	G90 G41 X-25 Y-20；		绝对坐标编程，建立左刀补，直线切削至 *A* 点	
N0030	Y20；		*A*→*B*	
N0040	G02 X-20 Y25 R5；		*B*→*C*	
N0050	G01 X20；		*C*→*D*	
N0060	G02 X25 Y20 R5；		*D*→*E*	
N0070	G01 Y-20；		*E*→*F*	
N0080	G02 X20 Y-25 R5；		*F*→*G*	
N0090	G01 X-20；		*G*→*H*	
N0100	G02 X-25 Y-20 R5；		*H*→*A*	
N0120	G40 G01 X-40 Y-40；		取消刀补，*A*→*R*	
N0130	M99；		子程序结束	

表 10-7　C8 图纸零件圆形凸台加工主程序

数控加工程序清单			零件图号	零件名称
姓名	班级	成绩	C8	模芯块
序号	程　　序		说　　明	
	O0004；		程序号	
N0010	G90 G17 G54 G00 X-40 Y-40；		坐标系设定；绝对坐标编程，选择 *XY* 平面，刀具快速定位到坐标 X-40、Y-40	
N0020	M03 S800；		主轴正转，转速 800 r/min	
N0030	Z50；		安全高度	
N0040	Z10；		快速到下刀深度	
N0050	G01 Z0.2 F800 D01；		以 800 mm/min 的进给速度下刀到 Z0.2，调用粗加工刀补 D01	
N0060	M98 P100005；		调用子程序 O0005 十次	
N0070	G91 G01 Z0.8 F300 S1200 D02；		刀具向上抬高 Z0.8，使用精加工转速、进给，调用精加工刀补 D02	
N0080	M98 P010005；		调用子程序 O0005 一次	
N0090	G00 Z50；		回安全位置	
N0100	M05；		主轴停	
N0120	M30；		程序结束，状态复位	

表 10－8　C8 图纸零件圆形凸台加工子程序

数控加工程序清单			零件图号	零件名称
姓名	班级	成绩	C8	模芯块
序号	程　　序		说　　明	
	O0005;		程序号	
N0010	G91 G01 Z－1;		相对坐标编程，刀具下刀 1 mm	
N0020	G90 G41 X－24 Y0;		绝对坐标编程，建立左刀补，直线切削至 *A* 点	
N0030	G02 I24;		切削整圆	
N0040	G40 G01 X－40 Y－40;		取消刀补，*A*→*R*	
N0050	M99;		子程序结束	

表 10－9　C8 图纸零件槽加工主程序

数控加工程序清单			零件图号	零件名称
姓名	班级	成绩	C8	模芯块
序号	程　　序		说　　明	
	O0006;		程序号	
N0010	G90 G17 G54 G00 X0 Y0;		坐标系设定；绝对坐标编程，选择 *XY* 平面，刀具快速定位到坐标 X0、Y0	
N0020	M03 S800;		主轴正转，转速 800 r/min	
N0030	Z50;		安全高度	
N0040	Z10;		快速到下刀深度	
N0050	G01 Z0.2 F800 D01;		以 800 mm/min 的进给速度下刀到 Z0.2，调用粗加工刀补 D01	
N0060	M98 P100007;		调用子程序 O0007 十次	
N0070	G91 G01 Z0.8 F300 S1200 D02;		刀具向上抬高 Z0.8，使用精加工转速、进给，调用精加工刀补 D02	
N0080	M98 P010007;		调用子程序 O0007 一次	
N0090	G00 Z50;		回安全位置	
N0100	M05;		主轴停	
N0120	M30;		程序结束，状态复位	

表 10－10　C8 图纸零件槽加工子程序

<table>
<tr><td colspan="3">数控加工程序清单</td><td>零件图号</td><td>零件名称</td></tr>
<tr><td>姓名</td><td>班级</td><td>成绩</td><td rowspan="2">C8</td><td rowspan="2">模芯块</td></tr>
<tr><td></td><td></td><td></td></tr>
<tr><td>序号</td><td colspan="2">程　序</td><td colspan="2">说　明</td></tr>
<tr><td></td><td colspan="2">O0007；</td><td colspan="2">程序号</td></tr>
<tr><td>N0010</td><td colspan="2">G68 X0 Y0 R45；</td><td colspan="2">建立旋转变换编程，旋转中心为 X0、Y0，旋转角度 45°</td></tr>
<tr><td>N0020</td><td colspan="2">G91 G41 G01 X－9 Y18 Z－1；</td><td colspan="2">相对坐标编程，建立左刀补，斜插下刀至 A 点</td></tr>
<tr><td>N0030</td><td colspan="2">G90 G03 X－18 Y9 R9；</td><td colspan="2">绝对坐标编程，A→B</td></tr>
<tr><td>N0040</td><td colspan="2">G01 Y－9；</td><td colspan="2">B→C</td></tr>
<tr><td>N0050</td><td colspan="2">G03 X－9 Y－18 R9；</td><td colspan="2">C→D</td></tr>
<tr><td>N0060</td><td colspan="2">G01 X9；</td><td colspan="2">D→E</td></tr>
<tr><td>N0070</td><td colspan="2">G03 X18 Y－9 R9；</td><td colspan="2">E→F</td></tr>
<tr><td>N0080</td><td colspan="2">G01 Y9；</td><td colspan="2">F→G</td></tr>
<tr><td>N0090</td><td colspan="2">G03 X9 Y18 R9；</td><td colspan="2">G→H</td></tr>
<tr><td>N0100</td><td colspan="2">G01 X－9；</td><td colspan="2">H→A</td></tr>
<tr><td>N0120</td><td colspan="2">G40 X0 Y0；</td><td colspan="2">取消刀补，A→R</td></tr>
<tr><td>N0130</td><td colspan="2">G69；</td><td colspan="2">取消旋转变换编程</td></tr>
<tr><td>N0140</td><td colspan="2">M99；</td><td colspan="2">子程序结束</td></tr>
</table>

表 10－11　C8 图纸零件中心孔加工程序

<table>
<tr><td colspan="3">数控加工程序清单</td><td>零件图号</td><td>零件名称</td></tr>
<tr><td>姓名</td><td>班级</td><td>成绩</td><td rowspan="2">C8</td><td rowspan="2">模芯块</td></tr>
<tr><td></td><td></td><td></td></tr>
<tr><td>序号</td><td colspan="2">程　序</td><td colspan="2">说　明</td></tr>
<tr><td></td><td colspan="2">O0008；</td><td colspan="2">程序号</td></tr>
<tr><td>N0010</td><td colspan="2">G90 G17 G54 G00 X0 Y0；</td><td colspan="2">坐标系设定；绝对坐标编程，选择 XY 平面，刀具快速定位到坐标 X0、Y0</td></tr>
<tr><td>N0020</td><td colspan="2">M03 S1000；</td><td colspan="2">主轴正转，转速 1000 r/min</td></tr>
<tr><td>N0030</td><td colspan="2">Z50；</td><td colspan="2">安全高度</td></tr>
<tr><td>N0040</td><td colspan="2">G98 G81 X0 Y0 Z－3 R10 F30；</td><td colspan="2">刀具快速定位至 X0、Y0、Z10，然后以 30 mm/min 的进给速度钻孔到 Z－3，返回初始高度</td></tr>
<tr><td>N0050</td><td colspan="2">M05；</td><td colspan="2">主轴停</td></tr>
<tr><td>N0060</td><td colspan="2">M30；</td><td colspan="2">程序结束，状态复位</td></tr>
</table>

表 10－12　C8 图纸零件钻孔加工程序

<table>
<tr><td colspan="3">数控加工程序清单</td><td>零件图号</td><td>零件名称</td></tr>
<tr><td>姓名</td><td>班级</td><td>成绩</td><td rowspan="2">C8</td><td rowspan="2">模芯块</td></tr>
<tr><td></td><td></td><td></td></tr>
<tr><td>序号</td><td colspan="2">程　序</td><td colspan="2">说　明</td></tr>
<tr><td></td><td colspan="2">O0009；</td><td colspan="2">程序号</td></tr>
<tr><td>N0010</td><td colspan="2">G90 G17 G54 G00 X0 Y0；</td><td colspan="2">坐标系设定；绝对坐标编程，选择 XY 平面，刀具快速定位到坐标 X0、Y0</td></tr>
<tr><td>N0020</td><td colspan="2">M03 S500；</td><td colspan="2">主轴正转，转速 500r/min</td></tr>
<tr><td>N0030</td><td colspan="2">Z50；</td><td colspan="2">安全高度</td></tr>
<tr><td>N0040</td><td colspan="2">G98 G83 X0 Y0 Z－25 R10 Q－10 K5 F30；</td><td colspan="2">排屑式深孔加工循环，孔底位置 X0、Y0、Z－25，每次钻深为 10 mm，每次钻后抬刀至 Z10，抬刀后快速返回上次切削深度上方 5 mm，进给速度 30 mm/min，钻完刀具回到初始高度</td></tr>
<tr><td>N0050</td><td colspan="2">M05；</td><td colspan="2">主轴停</td></tr>
<tr><td>N0060</td><td colspan="2">M30；</td><td colspan="2">程序结束，状态复位</td></tr>
</table>

项目检查与评价

实训报告表

<table>
<tr><td>项目名称</td><td colspan="5"></td><td>实训课时</td><td></td></tr>
<tr><td>姓名</td><td></td><td>班级</td><td></td><td>学号</td><td></td><td>日期</td><td></td></tr>
<tr><td>学习过程</td><td colspan="7">(1)操作过程中是否遵守安全文明操作?
(2)在加工的时候，遇到的难题是什么？你觉得要注意什么？
(3)简要写下完成本项目的加工过程。</td></tr>
<tr><td>心得体会</td><td colspan="7">(1)通过本项目，你学到了什么？
(2)工件做出来的效果如何？有哪些不足，需要改进的地方在哪里？获得了什么经验？</td></tr>
</table>

检查评价表

序号	检测的项目	分值	自我测评		小组长测评		教师测评	
			结果	得分	结果	得分	结果	得分
1	模芯块表面粗糙度 $Ra3.2$ μm	8						
2	模芯块底座长 50 mm ±0.02 mm	8						
3	模芯块底座宽 50 mm ±0.02 mm	8						
4	模芯块圆形凸台 ϕ48 mm ±0.02 mm	8						
5	模芯块圆形凸台高 10 mm ±0.02 mm	8						
6	模芯块槽长 36 mm ±0.02 mm	8						
7	模芯块槽宽 36 mm ±0.02 mm	8						
8	模芯块槽高 3 mm ±0.02 mm	8						
9	模芯块总高 20 mm ±0.02 mm	8						
10	模芯块孔 ϕ10 mm	8						
11	机床保养，加工刃量具摆放	10						
12	安全操作情况	10						
合计		100						
本项目总成绩（=自评30% +小组长评30% +教师评40%）								

拓展项目

练一练

1. 下图为某企业生产的零件图，请编写该零件的加工程序。

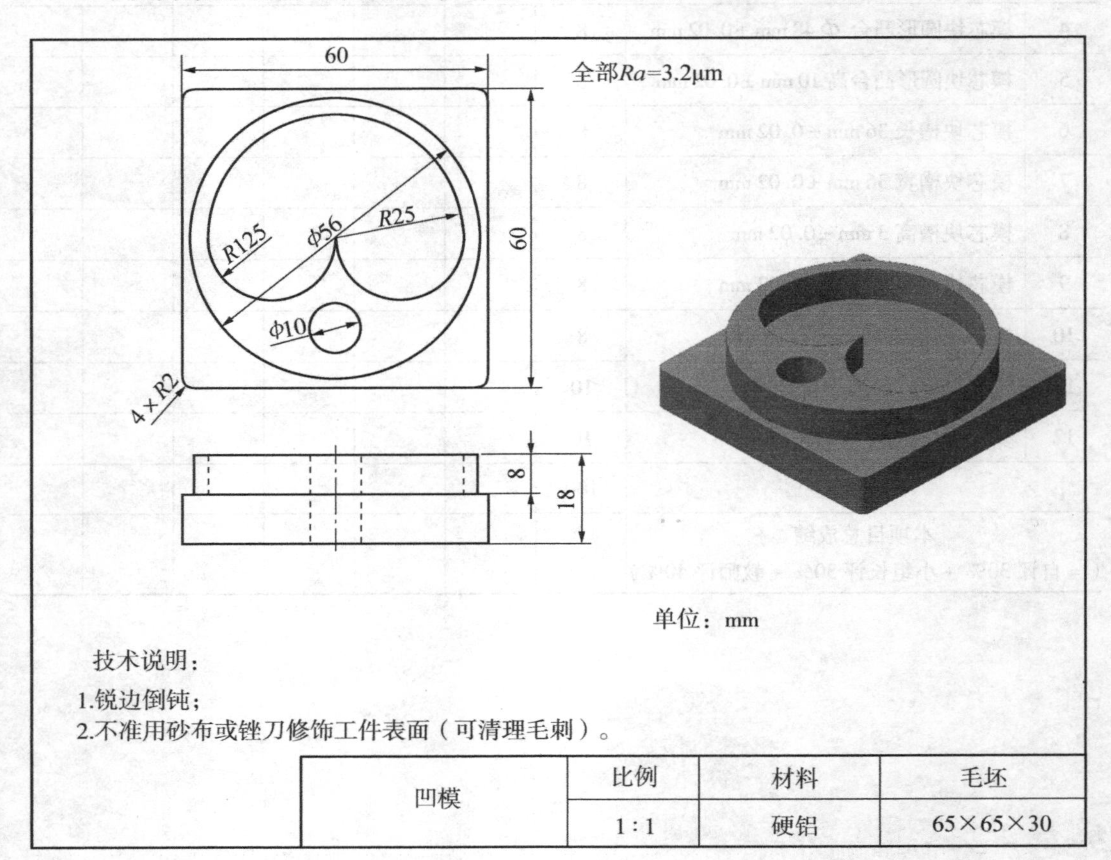

技术说明：

1.锐边倒钝；

2.不准用砂布或锉刀修饰工件表面（可清理毛刺）。

凹模	比例	材料	毛坯
	1∶1	硬铝	65×65×30

项目十一

半球铣削加工

项目引入

某公司急需一小批教学模具模芯块(零件尺寸如 C9 图纸所示)，数量为 50 件。现将订单委托我校数控车间协助解决，该零件要使用数控铣床加工。已知毛坯材料为硬铝，毛坯尺寸为 30 mm × 30 mm × 30 mm，生产类型为单件小批量。本次课程主要学习曲面的加工及宏程序编写，同学们分成若干小组并选出小组长，每组 4 ～ 5 人，在专业老师的指导下，利用车间现有的条件，以小组合作的形式完成任务。

项目任务及要求

按图纸 C9 的要求加工模芯块。

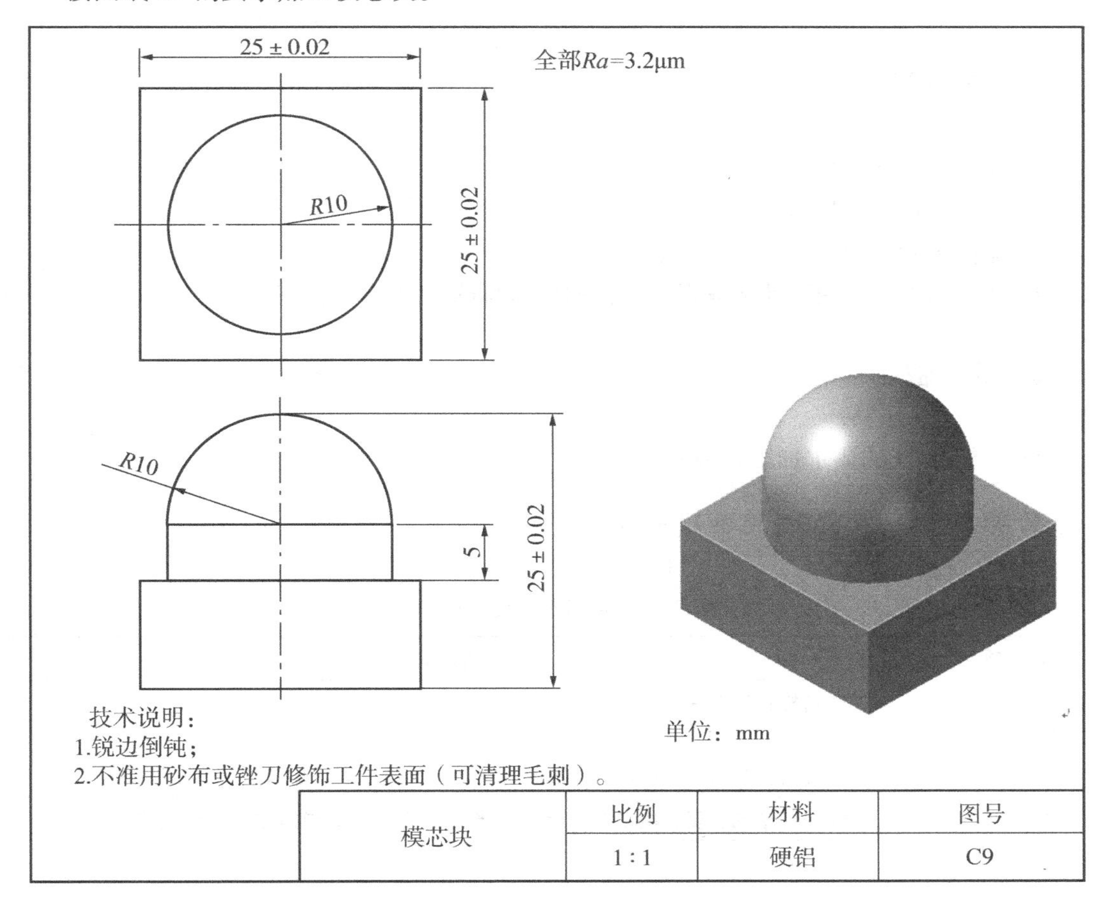

学习目标

知识目标

- 了解半球铣削的特点。
- 读懂模芯块零件图，准备相关加工工艺。
- 掌握宏程序变量的运用。
- 掌握宏程序的 IF 条件转移语句。

技能目标

- 掌握数控铣床半球铣削的加工方法、加工工艺。
- 掌握模芯块的编程方法、检测方法。

情感目标

- 培养学生积极的学习态度并强化学生的学习兴趣。

项目实施过程

想一想

1. 模芯块有什么特点？
2. 要完成这个项目需要哪些刀具、量具？
3. 零件图 C9 的加工方法是什么？
4. 加工本项目要用到什么编程指令？如何编写球形曲面的加工程序？

做一做

根据图纸 C9 的要求加工该模芯块。

1. 根据图纸 C9 分析(见表 11－1)

表 11－1　项目十一图纸 C9 分析

分析项目	分析内容
标题栏信息	零件名称：模芯块 零件材料：硬铝 毛坯规格：30 mm × 30 mm × 30 mm
零件形体	零件主要结构：模芯块主要由上端的半球、圆柱和下端的方形底座组成

续表 11－1

分析项目	分析内容
零件的公差	零件公差要求是：模芯总高 25 mm 及方形底座 25 mm，尺寸公差都为 ±0.02 mm
表面粗糙度	零件加工表面粗糙度是：*Ra*3.2 μm
其他技术要求	零件其他技术要求：锐边倒钝、不准用砂布或锉刀修饰工件表面(可清理毛刺)

2. 刀具选用及参数(见表 11－2)

表 11－2　刀具选用及参数表

刀具号	刀具类型	刀具型号	主轴转速 r/min	进给速度 mm/min
T01	平底铣刀	D16	800、1200	800、300
T02	球头铣刀	D6	1400	300

3. 量具选用

(1)游标卡尺(详见附录)。
(2)外径千分尺(详见附录)。

4. 加工思路(仅供参考，可按照实际讨论修改)

先加工出该工件的方形底座，然后重新装夹方形底座加工上端的半球和圆柱外形。方形底座和圆柱外形的加工可参考本书前面章节的内容，本章节着重介绍半球的加工。

半球数学模型分析：半球可以看成是由多个不同高度(Z 值)的不同半径的圆组成，我们要确定每一个高度上的圆的半径是多少。通过三角函数的计算，球面上任一点所在圆的高度和半径如图 11－1 所示。

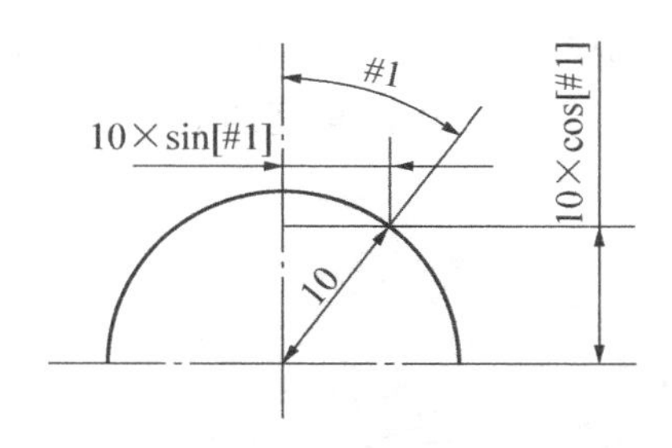

图 11－1　半球数学模型分析

(1)半球的粗加工编程，选用 D16 的平底铣刀。

如图 11－2 所示，设定三个变量，#1 为球面上任一点和球心连线后与垂直线的夹角，#2 为球面上任一点的 Z 坐标，#3 为球面上任一点的 X 坐标。

加工刀具路线如图 11－3 所示，每次下刀的#2 数值通过#1 计算出来，然后加工一个整圆，圆的半径为#3，每刀加工完后，#1 的角度加 6°，直至#1 大于 90°。

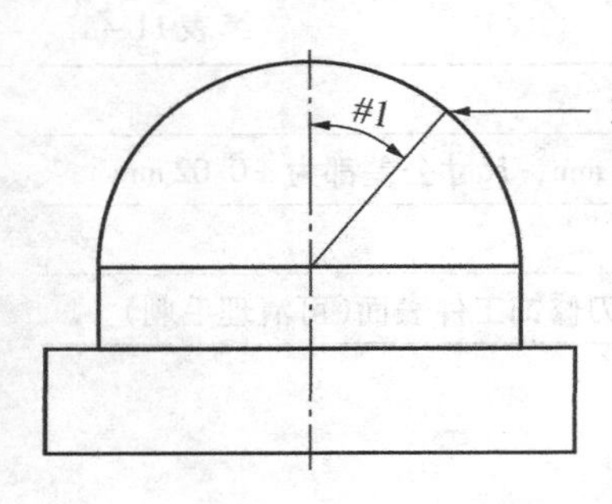

图 11-2　半球的粗加工坐标分析图

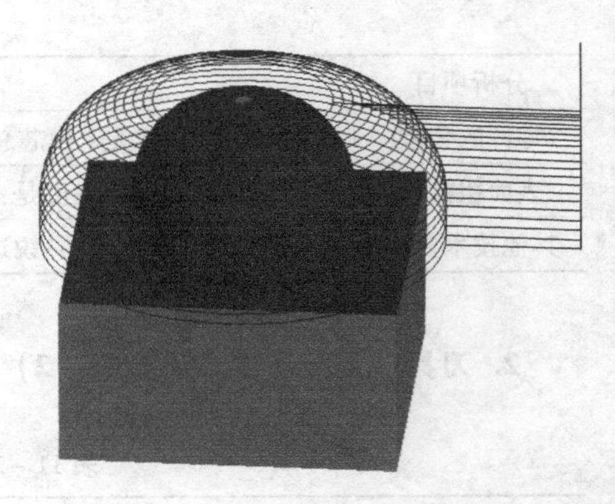

图 11-3　半球粗加工刀具路线

(2)半球的精加工编程，选用 D6 的球头铣刀。

如图 11-4 所示，设定三个变量，#1 为球头铣刀加工时刀心和工件球心连线后与垂直线的夹角，#2 为球面上任一点的 Z 坐标，#3 为球面上任一点的 X 坐标。

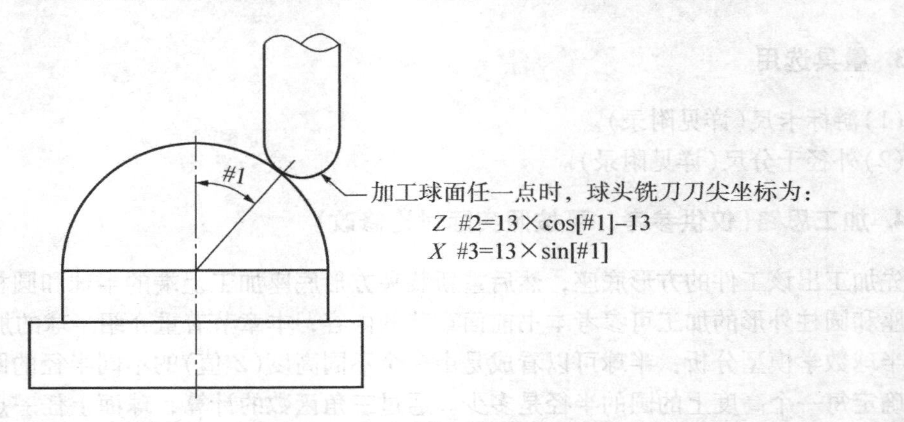

图 11-4　半球精加工坐标分析图

加工刀具路线如图 11-5 所示，每次下刀的#2 数值通过#1 计算出来，然后加工一个整圆，圆的半径为#3，每刀加工完后，#1 的角度加 1°，直至#1 大于 90°。

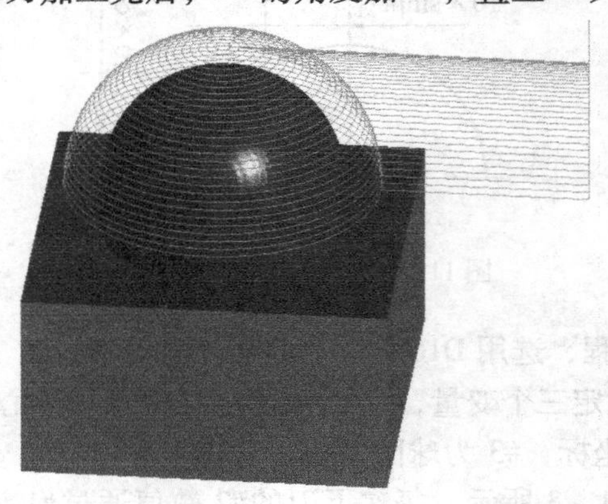

图 11-5　半球精加工刀具路线

5. 填写工序卡(仅供参考，可按照实际讨论修改)

在接受模芯块加工任务时，应先分析图纸尺寸精度、特征及要求，选择恰当的材料和刀具、量具后，再填写加工工序卡，见表 11－3。

表 11－3 C9 图纸零件模芯块半球加工工序卡

<table>
<tr><td colspan="3" rowspan="2">项目十一工序卡
模芯块半球加工</td><td>零件图号</td><td>零件名称</td><td>材料</td><td>日期</td></tr>
<tr><td>C9</td><td>模芯块</td><td>硬铝</td><td></td></tr>
<tr><td>车　间</td><td colspan="2">使用设备</td><td>设备使用情况</td><td colspan="2">程序编号</td><td>操作者</td></tr>
<tr><td>数控铣床实训中心</td><td colspan="2">数控铣床(FANUC)</td><td>正常</td><td colspan="2">(自定)</td><td></td></tr>
<tr><td>工步号</td><td>工 步 内 容</td><td>刀具号</td><td>刀具规格</td><td>主轴转速
r/min</td><td>进给速度
mm/min</td><td>切削深度
mm</td></tr>
<tr><td>1</td><td>装夹零件毛坯，对刀</td><td>T01</td><td>D16 平底铣刀</td><td>800</td><td>手动</td><td></td></tr>
<tr><td>2</td><td>精加工模芯块方形底座平面</td><td>T01</td><td>D16 平底铣刀</td><td>1200</td><td>300</td><td>0.2</td></tr>
<tr><td>3</td><td>粗加工模芯块方形底座外形，留 0.2 mm 余量</td><td>T01</td><td>D16 平底铣刀</td><td>800</td><td>800</td><td>1</td></tr>
<tr><td>4</td><td>精加工模芯块方形底座外形，控制好尺寸</td><td>T01</td><td>D16 平底铣刀</td><td>1200</td><td>300</td><td>0.2</td></tr>
<tr><td>5</td><td>装夹零件毛坯，对刀</td><td>T01</td><td>D16 平底铣刀</td><td>800</td><td>手动</td><td></td></tr>
<tr><td>6</td><td>粗加工模芯块上平面，控制总高尺寸，留 0.2 mm 余量</td><td>T01</td><td>D16 平底铣刀</td><td>800</td><td>800</td><td>1</td></tr>
<tr><td>7</td><td>粗加工模芯块半球，留 0.2 mm 余量</td><td>T01</td><td>D16 平底铣刀</td><td>800</td><td>800</td><td></td></tr>
<tr><td>8</td><td>粗加工模芯块圆柱外形，留 0.2 mm 余量</td><td>T01</td><td>D16 平底铣刀</td><td>800</td><td>800</td><td>1</td></tr>
<tr><td>9</td><td>精加工模芯块圆柱外形，控制好尺寸</td><td>T01</td><td>D16 平底铣刀</td><td>1200</td><td>300</td><td>0.2</td></tr>
<tr><td>10</td><td>装夹零件毛坯，对刀</td><td>T02</td><td>D6 球头铣刀</td><td>800</td><td>手动</td><td></td></tr>
<tr><td>11</td><td>精加工模芯块半球，控制好尺寸</td><td>T02</td><td>D6 球头铣刀</td><td>1400</td><td>300</td><td></td></tr>
<tr><td>编　制</td><td></td><td>审　核</td><td></td><td>批　准</td><td></td><td>共　页　第　页</td></tr>
</table>

说明：合理选择该零件工件坐标原点，确定走刀路线，根据该零件的加工要求编制程序清单，并完成相应卡片的填写。

6. 编写本项目的半球加工程序(仅供参考)

运用变量及 IF 条件转移编写本项目零件图的半球数控铣削加工程序，见表 11－4、表 11－5。

表 11-4　模芯块零件半球粗加工程序

<table>
<tr><td colspan="3">数控加工程序清单</td><td>零件图号</td><td>零件名称</td></tr>
<tr><td>姓名</td><td>班级</td><td>成绩</td><td rowspan="2">C9</td><td rowspan="2">模芯块</td></tr>
<tr><td></td><td></td><td></td></tr>
</table>

序号	程　　序	说　　明
	O0001;	程序号
N0010	G90 G17 G54 G00 X30 Y0;	坐标系设定；绝对坐标编程，选择 *XY* 平面，刀具快速定位至坐标 X30、Y0
N0020	M03 S800;	主轴 800 r/min 正转
N0030	Z50;	快速定位至安全高度
N0040	Z10;	快速定位至下刀深度
N0050	G01 Z0 F800;	以 800 mm/min 的进给速度下刀至 Z0
N0060	#1 = 6;	#1 变量赋值初始角度为 6°
N0070	#2 = 10 × cos[#1] - 10;	#2 变量进行算术运算
N0080	#3 = 10 × sin[#1];	#3 变量进行算术运算
N0090	G01 Z#2;	刀具下刀，直线切削至坐标 Z#2
N0100	G41 X#3 D01;	调用 D01 刀补，建立左刀补，刀具直线切削至坐标 X#3
N0120	G02 I - #3;	以原点为圆心，顺时针切削半径为#3 的整圆
N0130	G40 G01 X30;	取消刀补，刀具直线切削至坐标 X30
N0140	#1 = #1 + 6;	#1 变量进行算术运算(角度加大 6°)
N0150	IF [#1 LE 90] GOTO 70;	如果#1 小于或等于 90°，跳转至运行 N0070 程序段运行，否则运行下一条程序段
N0160	G00 Z50;	回安全位置
N0170	M5;	主轴停
N0180	M30;	程序结束，状态复位

表 11－5　模芯块零件半球精加工程序

数控加工程序清单			零件图号	零件名称
姓名	班级	成绩	C9	模芯块

序号	程　　序	说　　明
	O0002；	程序号
N0010	G90 G17 G54 G00 X20 Y0；	坐标系设定；绝对坐标编程，选择 *XY* 平面，刀具快速定位至坐标 X20、Y0
N0020	M03 S1400；	主轴 1400 r/min 正转
N0030	Z50；	快速定位至安全高度
N0040	Z10；	快速定位至下刀深度
N0050	G01 Z0 F300；	以 300mm/min 的进给速度下刀至 Z0
N0060	#1 =0；	#1 变量赋值初始角度为 0°
N0070	#2 =13 ×cos[#1] －13；	#2 变量进行算术运算
N0080	#3 =13 ×sin[#1]；	#3 变量进行算术运算
N0090	G01 Z#2；	刀具下刀，直线切削至坐标 Z#2
N0100	X#3；	调用 D01 刀补，建立左刀补，刀具直线切削至坐标 X#3
N0120	G02 I－#3；	以原点为圆心，顺时针切削半径为#3 的整圆
N0130	G01 X20；	取消刀补，刀具直线切削至坐标 X30
N0140	#1 =#1 +1；	#1 变量进行算术运算（角度加大 1°）
N0150	IF [#1 LE 90] GOTO 70；	如果#1 小于或等于 90°，跳转至运行 N0070 程序段运行，否则运行下一条程序段
N0160	G00 Z50；	回安全位置
N0170	M5；	主轴停
N0180	M30；	程序结束，状态复位

项目检查与评价

实训报告表

项目名称						实训课时	
姓名		班级		学号		日期	
学习过程	(1)操作过程中是否遵守安全文明操作？ (2)在加工的时候，遇到的难题是什么？你觉得要注意什么？ (3)简要写下完成本项目的加工过程。						
心得体会	(1)通过本项目，你学到了什么？ (2)工件做出来的效果如何？有哪些不足，需要改进的地方在哪里？获得了什么经验？						

检查评价表

序号	检测的项目	分值	自我测评		小组长测评		教师测评	
			结果	得分	结果	得分	结果	得分
1	半球表面粗糙度 $Ra3.2$ μm	10						
2	圆柱外形表面粗糙度 $Ra3.2$ μm	10						
3	方形底座表面粗糙度 $Ra3.2$ μm	10						
4	模芯块总高 25 mm ±0.02 mm	20						
5	方形底座长 25 mm ±0.02 mm	10						
6	方形底座宽 25 mm ±0.02 mm	10						
7	其他尺寸	10						
8	机床保养，加工刃量具摆放	10						
9	安全操作情况	10						
合计		100						
本项目总成绩（=自评30%+小组长评30%+教师评40%）								

指令知识加油站

学一学

宏程序就是用公式来加工零件，减少甚至免除手工编程时进行繁琐的数值计算，以及精简程序量。而宏变量则相当于公式里的一个变化的数值。比如说椭圆，如果没有宏程序，我们要逐点算出曲线上的点，然后慢慢来用直线逼近，如果是个光洁度要求很高的工件，那么需要计算很多的点；而应用了宏后，我们把椭圆公式输入到系统中，然后只要给出椭圆上点与长轴的夹角并且每次加1°，那么宏就会自动算出 X、Y 坐标并且进行切削，实际上宏在程序中主要起到的是运算作用。每次不同的夹角和算出的不同的 X、Y 坐标值都属于变量。

1. 变量：一个数值可以变化的量

(1)变量的格式：变量用变量符号#和后面的变量号指定。变量号可以是数字或表达式，表达式必须封闭在中括号里，如#1、#2、#3、#[#1+#2+1]。

(2)变量的定义：定义变量的数值，用等式表达，如#1=3、#1=#1+1、#1=#2+sin[#3]。

(3)变量的类型：变量根据变量号可以分成四种类型。

①空变量#0，该变量总是空，没有值能赋给该变量。

②局部变量#1～#33，一个在宏程序中局部使用的变量，其运算结果其他程序不可使用。

③公共变量#100～#199、#500～#999，各用户宏程序内公用的变量，其运算结果任何程序调用都相同。当断电时，变量#100～#199初始化为空；变量#500～#999的数据即使

断电也不丢失。

④系统变量，系统变量用于读和写 CNC 运行时各种数据的变化，例如刀具的当前位置和补偿值。

(4)变量的运算：

变量的运算用等式表示，变量写在等式的左边，右边的表达式可包含常量和由函数或运算符组成的变量。

① 赋值　　如：#1 =3，表示#1 变量的数值是 3。

② 算术运算　如：#1 =4 +3 ×2，表示#1 变量的数值是 10。

③ 函数运算　如：#1 = sin45，表示#1 变量的数值是 45°正弦值。

注意：等式右边也可用变量表示，如#1 = #2、#1 = #2 + sin[#3]。

(5)变量的引用：

在程序中使用变量值，指令后面跟变量。当指令后面用表达式时，要把表达式放在括号中，如 G00 Z#1、G00 Z[#1 + #2]。

如：#1 =10;

G00 Z#1

表示刀具快速移动到坐标 Z10。

2. IF 条件转移

当条件式满足时，程序就跳转到同一程序中程序段号为 N 的语句上继续执行，当条件不满足时，程序执行下一条程序段。

格式：IF [条件式] GOTO N;

如：IF [#1 GT 10] GOTO 1;

当#1 变量的数值满足大于 10 的条件时，程序跳转至程序段号 N1 处执行，当#1 变量的数值不满足大于 10 的条件时，程序执行下一条程序段。

注意：

条件式中，EQ 表示 =，NE 表示≠，GT 表示 >，LT 表示 <，GE 表示≥，LE 表示≤。

【例 11 -1】求 1 到 10 之和。

分析：设定两个变量，#1 变量为 1 到 10 之和，#2 变量为 1 到 10 这些数值，宏程序的计算见表 11 -6。

表 11 -6　利用宏程序求 1 到 10 之和

程序号	程　序	说　明
N0010	#1 =0;	未运算时，#1 初始值赋值为 0
N0020	#2 =1;	#2 赋值为 1
N0030	#1 = #1 + #2;	#1 重新赋值，数值为#1 + #2
N0040	#2 = #2 +1;	#2 重新赋值，数值为#2 +1
N0050	IF [#2 LE 10] GOTO 30;	判断#2 是否小于等于 10，是则跳转至程序段 N0030 运行，否则运行下一条程序段
N0060	M30;	程序结束

拓展项目

练一练

1. 思考如何用宏程序编写椭圆的加工程序。
2. 下面为某企业生产的零件图，按图编写该零件的加工程序。

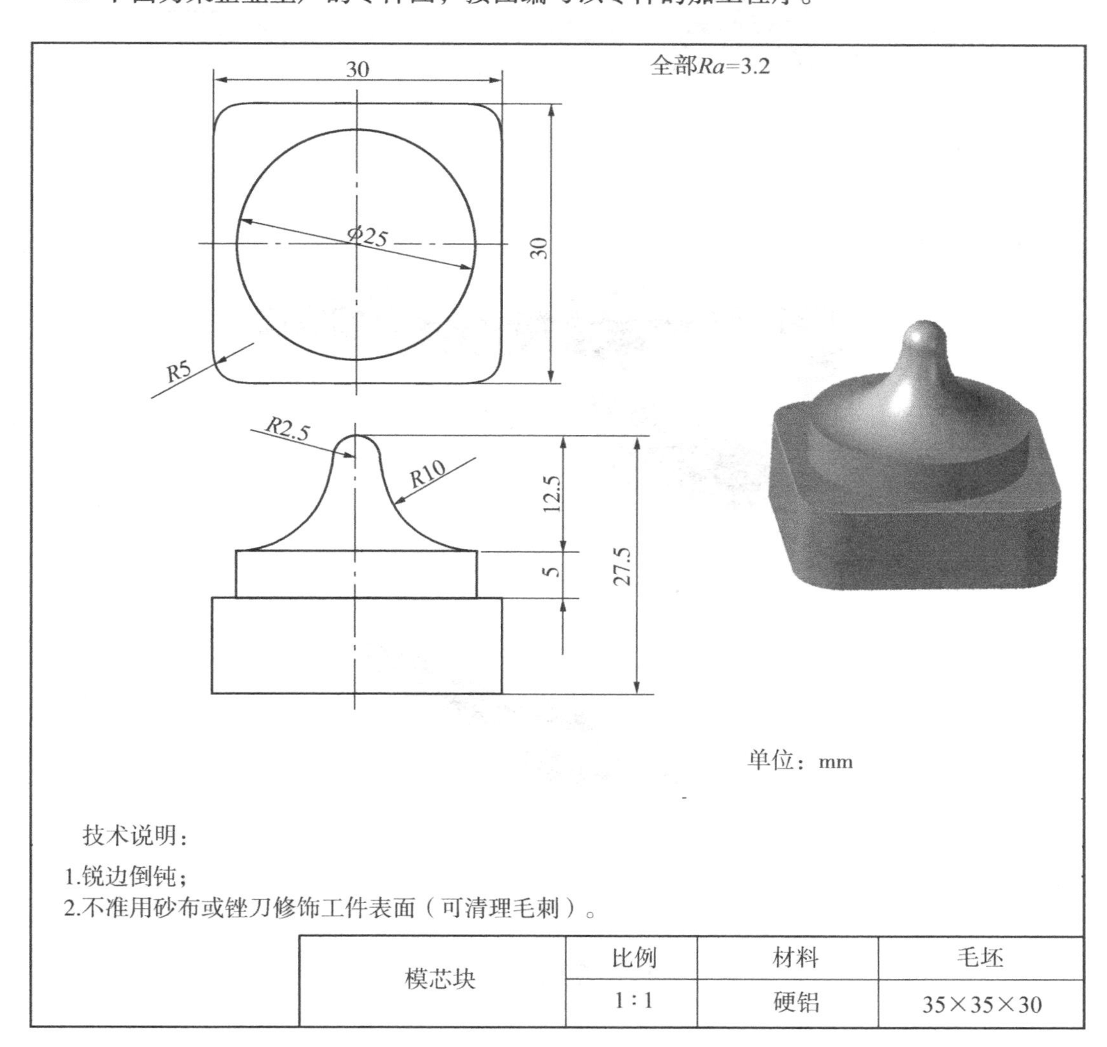

技术说明：

1.锐边倒钝；

2.不准用砂布或锉刀修饰工件表面（可清理毛刺）。

模芯块	比例	材料	毛坯
	1∶1	硬铝	35×35×30

附　录　数控铣床铣削加工常用的量具

(1)游标卡尺

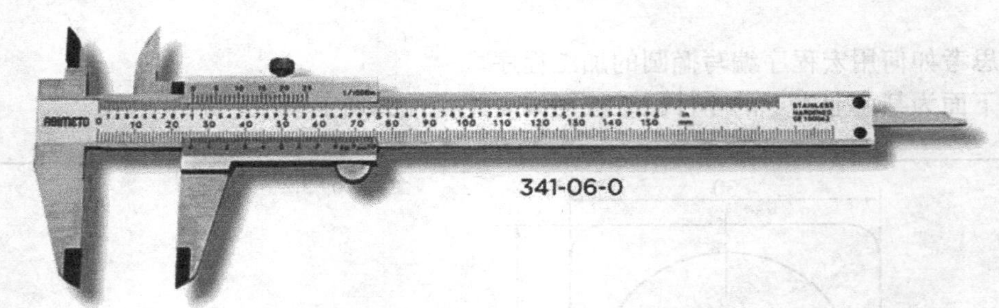

(2)千分尺

(3)寻边器

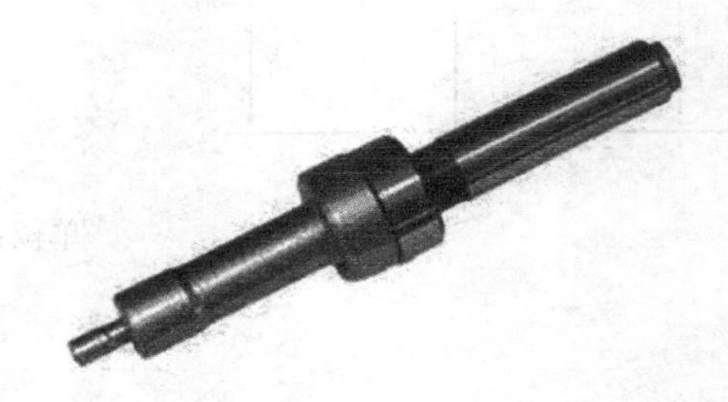

(4)百分表

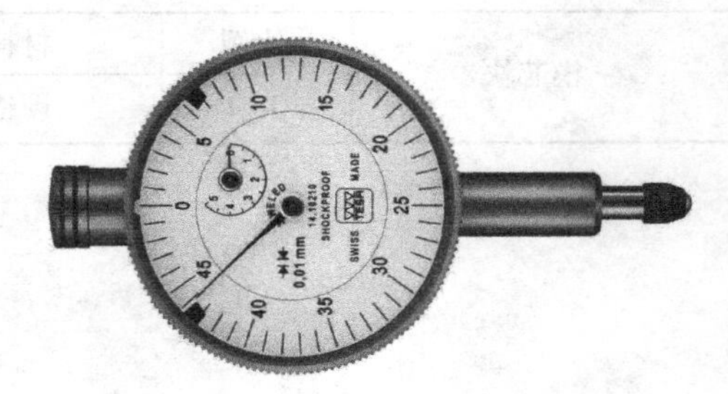

参考文献

[1]吴光明．数控编程与操作[M]．北京：机械工业出版社，2010.

[2]王玉梅．数控铣工编程操作[M]．北京：国防工业出版社，2014.

[3]韩鸿鸾．数控铣工加工中心操作工[M]．北京：机械工业出版社，2009.

[4]关雄飞．数控加工工艺与编程[M]．西安：西安电子科技大学出版社，2011.

[5]丛培兰．数控加工工艺[M]．北京：人民邮电出版社，2010.

[6]刘蔡保．数控铣床(加工中心)编程与操作[M]．北京：化学工业出版社，2011.

[7]翟瑞波．加工中心编程与操作实例[M]．北京：机械工业出版社，2011.